高等职业院校精品教材系列

基于"1+X"的 BIM 建模案例教程

主编　王　蕊　穆长利　孙欣竹

副主编　韩肖禹　徐恒君　毛金玲

电子工业出版社

Publishing House of Electronics Industry

北京·BEIJING

内 容 简 介

本书根据国家最新的职业教育教学改革精神，结合"1+X"证书能力要求及行业新技术、新工艺、新规范，由学校骨干教师和企业技术专家共同编写。本书主要内容分为6个项目：项目1为项目准备，介绍建筑信息模型（BIM）的概念、Revit基本术语与基本操作；项目2为建筑模型设计，介绍建筑模型中的轴网、标高、柱、墙体、门窗、屋顶、楼板等多种建筑构件的绘制方法和技巧；项目3为结构模型设计，介绍基础、结构梁、结构钢筋、钢结构等的创建方法；项目4为设备构件创建，介绍系统、风管、水管、电缆桥架的创建方法；项目5为定制化模型设计，介绍族、体量的相关知识；项目6为成果输出，介绍明细表、渲染与漫游、图纸等相关内容。本书以"1+X"BIM职业技能等级（初级）建模的能力要求为基础，突出专业能力与职业素养提升，非常适合建筑类院校学生使用。

本书为高等职业本专科院校相应课程的教材，也可以作为开放大学、成人教育、自学考试、中职学校及培训班的教材，以及工程技术人员的参考书。

本书配有免费的微课视频、电子教学课件等，详见前言。

图书在版编目（CIP）数据

基于"1+X"的BIM建模案例教程 / 王蕊，穆长利，孙欣竹主编. —北京：电子工业出版社，2022.11

高等职业院校精品教材系列

ISBN 978-7-121-44541-5

Ⅰ. ①基… Ⅱ. ①王… ②穆… ③孙… Ⅲ. ①建筑设计－计算机辅助设计－应用软件－高等职业教育－教材 Ⅳ. ①TU201.4

中国版本图书馆CIP数据核字（2022）第214465号

责任编辑：陈健德（E-mail:chenjd@phei.com.cn）

文字编辑：戴　新

印　　刷：三河市龙林印务有限公司

装　　订：三河市龙林印务有限公司

出版发行：电子工业出版社

　　　　　北京市海淀区万寿路173信箱　邮编　100036

开　　本：787×1 092　1/16　印张：10　字数：256千字

版　　次：2022年11月第1版

印　　次：2022年11月第1次印刷

定　　价：42.00元

凡所购买电子工业出版社图书有缺损问题，请向购买书店调换。若书店售缺，请与本社发行部联系，联系及邮购电话：（010）88254888，88258888。

质量投诉请发邮件至zlts@phei.com.cn，盗版侵权举报请发邮件至dbqq@phei.com.cn。

本书咨询联系方式：chenjd@phei.com.cn。

前　言

　　本书根据《国务院关于印发国家职业教育改革实施方案的通知》(国发〔2019〕4号)的要求，贯彻落实《关于做好首批1+X证书制度试点工作的通知》等相关文件精神；依据国家职业标准，把握新技术、新工艺、新规范、新要求，制定该课程标准；凝聚行业龙头企业、院校专家，科学制定和实施师资培养方案；确立"以能力为本位、职业活动为导向、专业技能为核心、思政教育为主线"的课程体系，基于"1+X"建筑信息模型(BIM)职业技能等级(初级)建模能力要求确定教材内容，确立以传授基础知识与培养专业能力并重，强化职业素养养成和专业技术积累，将专业精神、职业精神和工匠精神融入人才培养全过程。

　　本书内容根据岗位技能要求和知识结构体系共分为6个项目：项目1为项目准备，介绍建筑信息模型(BIM)的概念、Revit基本术语与基本操作；项目2为建筑模型设计，介绍建筑模型中的轴网、标高、柱、墙体、门窗、屋顶、楼板等多种建筑构件的绘制方法和技巧；项目3为结构模型设计，介绍基础、结构梁、结构钢筋、钢结构等的创建方法；项目4为设备构件创建，介绍系统、风管、水管、电缆桥架的创建方法；项目5为定制化模型设计，介绍族、体量的相关知识；项目6为成果输出，介绍明细表、渲染与漫游、图纸等相关内容。

　　本书为校企协同开发的"互联网+"教材，是辽宁建筑职业学院和沈阳嘉图工程管理咨询有限公司的共建教材，编写人员有王蕊、穆长利、韩肖禹、毛金玲、程鹏、张宁(辽宁建筑职业学院讲授Revit相关课程的教师)、徐恒君、孙欣竹(沈阳嘉图工程管理咨询有限公司专门从事BIM技术服务方面的专家)、孙阳(辽宁理工学院从事Revit教学的教师)。本书内容将"1+X"建筑信息模型职业技能等级和实用操作技能有机结合，语言通俗易懂，实用性强。

　　根据行业习惯，数值单位为mm时一般省略单位，本书正文和软件界面中有些数值省略了单位，请读者注意。

　　本书在编写过程中难免存在疏漏或不妥之处，敬请广大读者谅解并指正。

　　为方便教师教学，本书配有免费的微课视频、电子教学课件等，请有此需要的教师扫一扫书中二维码进行阅览或登录华信教育资源网(http://www.hxedu.com.cn)免费注册后进行下载，有问题可以在网站留言或与电子工业出版社联系(E-mail:hxedu@phei.com.cn)。

编　者

目　录

项目 **1**

项目准备

任务 1.1　BIM 的特性与相关软件

扫一扫学习 BIM 基础知识微课视频

任务 1.1.1　BIM 的概念、特性及发展历程

1. BIM 的由来

BIM 即 Building Information Modeling，中文含义为建筑信息模型，起源于 1975 年美国乔治亚理工大学 Chuck Eastman 教授（BIM 之父）在 AIA 发表的论文中提出的 Building Description System（BDS，建筑描述系统）的工作模式，该工作模式包含参数化设计、由三维模型生成二维图纸、可视化交互式数据分析、施工组织计划与材料计划等。该工作模式作为 BIM 的雏形，经过了多年的研究与发展，学术界整合了 Building Product Models（BPM，建筑产品模型，美国）与 Product Information Models（PIM，产品信息模型，欧洲）的研究成果，提出 Building Information Model（建筑信息模型）的概念。1986 年 Autodesk 研究院的 Robert Aish 最终将其定义为 Building Information Modeling（BIM，建筑信息模型）并沿用至今。

2. BIM 的含义

（1）BIM 是对设施（建设项目）的物理和功能特性的数字表达。

（2）BIM 是一个共享的知识资源，是一个分享设施有关信息、为设施全生命周期（从建设到拆除）所有决策提供可靠依据的过程。

（3）在项目的不同阶段，不同利益相关方通过在 BIM 中插入、提取、更新和修改信息，以支持和反映其各自职责的协同作业。

3. BIM 的特性

1）可视化

可视化即"所见即所得"。对于建筑行业来说，可视化的真正运用是非常重要的。例如，常见的施工图纸使用线条进行绘制来表达各个构件的信息，而 BIM 将以往线条式的构件表现形式用三维的立体实物图形进行展示；虽然建筑业目前有设计方面的效果图，但是效果图不包含除构件大小、位置和颜色外的其他信息，缺少不同构件之间的互动性和反馈性，而 BIM 的可视化是一种在构件之间能够形成互动性和反馈性的全过程可视化，可视化的结果不仅可以用效果图展示及生成报表，更重要的是，项目设计、建造，以及运营过程中的沟通、讨论、决策均可在可视化的状态下进行。

2）可协调性

项目的实施过程是相互协调和配合的过程。在设计时，往往会出现各专业之间的碰撞问题。例如，在布置暖通、给排水管道时，可能此处正好有结构设计的梁等构件阻碍管线的布置，以往类似的碰撞问题只能在问题出现之后再进行协商和解决，而使用 BIM 可在建筑物建造前期对各专业之间的碰撞问题进行协调，并生成协调数据。除此之外，使用 BIM 还可以解决电梯井布置与其他设计布置及净空要求的协调、防火分区与其他设计布置的协调、地下排水布置与其他设计布置的协调等。

3）模拟性

模拟性并不只是模拟设计建筑物模型，还可以模拟不能够在真实世界中进行操作的事物。在设计阶段，使用 BIM 可以进行节能模拟、紧急疏散模拟、日照模拟、热能传导模拟等实验；在招投标和施工阶段，使用 BIM 可以进行 4D 模拟（三维模型加项目的开发时间），也就是根据施工的组织设计模拟实际施工，从而确定合理的施工方案来指导施工。同时，使用 BIM 还可以进行 5D 模拟（基于 4D 模型加造价控制），从而实现成本控制；在后期运营阶段，使用 BIM 可以模拟日常紧急情况的处理方式，如地震人员逃生模拟及消防人员疏散模拟等。

4）优化性

项目的设计、施工、运营是一个不断优化的过程。优化受 3 种因素的制约：信息、复杂程度和时间。BIM 模型提供了建筑物的实际存在信息，包括几何信息、物理信息和规则信息，以及建筑物变化以后的实际存在信息。现代建筑物的复杂程度大多超过参与人员能够想象的复杂程度，BIM 及与其配套的各种优化工具提供了对复杂项目进行优化的可能。

5）可出图性

使用 BIM 不仅能绘制常规的建筑设计图纸及构件加工图纸，还能够对建筑物进行可视化展示、协调、模拟、优化，并出具各专业图纸及深化图纸，使工程展示更加详细。

6）一体化性

基于 BIM 可进行从设计到施工再到运营，贯穿工程项目全生命周期的一体化管理。BIM 的技术核心是一个由计算机三维模型所形成的数据库，不仅包含建筑物的设计信息，而且可以容纳从设计到建成使用，甚至到使用周期终结的全过程信息。

7）参数化性

参数化建模指的是通过参数而不是数字建立和分析模型，简单地改变模型中的参数值就能建立和分析新的模型。BIM 中的图元是以构件的形式出现的，这些构件之间的不同是通过参数的调整反映出来的，参数保存了图元作为数字化建筑构件的所有信息。

8）信息完备性

信息完备性体现在使用 BIM 可对工程对象进行 3D 几何信息和拓扑关系的描述，以及完整的工程信息描述。

4. BIM 在国内的发展历程

我国工程建设行业在 2003 年引进了 BIM 技术。设计院、各类施工单位、BIM 咨询公司、培训机构、政府及行业协会越来越重视 BIM 的应用价值和意义。《国家科技支撑计划"十一五"发展纲要》和《2011—2015 年建筑业信息化发展纲要》中将 BIM 技术纳入发展内容。

2015 年，我国住房和城乡建设部印发《关于推进建筑信息模型应用的指导意见》，在该意见中，再次提出"推荐建筑信息模型（BIM）等信息技术在工程设计、施工和运行维护全过程的应用，提高综合效益"。这是国内 BIM 领域发展和应用的一次重要推进，也由此带动了国内 BIM 推广和发展的热潮。

目前，越来越多的施工方和甲方开始引入 BIM 技术，并将其作为重要的信息化技术手段逐步应用于企业管理中。中国建筑总公司已经明确提出要实现基于 BIM 的施工招投标、采购、施工进度管理，并积极投入和研发基于 Revit 系列数据的信息管理平台。BIM 不仅是包含建筑信息的模型，还是围绕建筑工程数字模型的强大、完善的建筑工程信息。

创建好 BIM 模型后，设计方可以利用模型完成正向设计和施工图纸的正确绘制；施工企业可以利用设计模型进行准确、高效、节能的施工，更好地保证施工质量及施工安全；甲方能够在工程设计阶段完全了解和模拟工程的情况，便于了解施工全过程，节约成本，与后期物业管理形成完美的交接链条，更好地对设备、园区进行管理，提高企业形象及价值。目前，我国的 BIM 标准和规范也在不断地更新完善中，相信随着越来越多的工程人员加入到 BIM 的行列，BIM 技术会越来越成熟，BIM 这个革命性的方法注定会改变整个工程建设行业的管理模式。

任务 1.1.2　BIM 相关标准及建模精度

1. 国内 BIM 相关标准

（1）《建筑信息模型应用统一标准》（GB/T 51212—2016）。

（2）《建筑信息模型分类和编码标准》（GB/T 51269—2017）。

（3）《建筑信息模型施工应用标准》（GB/T 51235—2017）。

（4）《建筑信息模型设计交付标准》（GB/T 51301—2018）。

（5）《建筑工程设计信息模型制图标准》（JGJ/T 448—2018）。

2. BIM 建模精度

BIM 建模各阶段对精细度的要求如表 1-1 所示。

表 1-1　BIM 建模各阶段对精细度的要求

阶　段	建模精细度	阶 段 代 码	阶 段 用 途
勘察/概念化设计	LOD100	SC	项目可行性研究； 项目用地许可
方案设计	LOD200	SD	项目规划评审报批； 建筑方案评审报批； 设计概算
初步设计/ 施工图设计	LOD300	DD/CD	专项评审报批； 节能初步评估； 建筑造价估算； 建筑工程施工许可； 施工准备； 施工招投标计划； 施工招标控制价
虚拟建造/产品预制/ 采购/验收/交付	LOD400	VC	施工预演； 产品选用； 集中采购； 施工招标控制价
项目竣工/运维	LOD500	AB	精装修； 施工结算； 运行维护

任务 1.1.3　BIM 相关软件

BIM 相关软件及简介如表 1-2 所示。

表 1-2　BIM 相关软件及简介

常 见 软 件	软 件 名 称	软 件 简 介
国外	Autodesk Revit	基础建模软件，包含建筑、结构、设备三个模块，覆盖建筑全专业建模，是 BIM 相关考试的建模软件，使用率较高
	Bentley	基础建模软件，包含建筑、结构、机电三个板块，覆盖建筑全专业建模，其产品在工厂设计（石油、化工、电力等）和基础设施（道路、桥梁、市政等）领域有着无可辩争的优势
	ArchiCAD	不同于原始的二维平台及其他三维建模软件，它能够利用 ArchiCAD 虚拟建筑设计平台创建的虚拟建筑信息模型进行高级解析与分析
	SketchUP	一套直接面向设计方案创作过程的设计工具，是用来进行三维建筑设计方案创作的优秀工具
	CATIA	机械设计制造软件的引领者，在航空、航天、汽车等领域具有举足轻重的地位
	Autodesk Navisworks	一款用于分析、仿真和项目信息交流的全面审阅解决方案，可通过它制作施工模拟动画及检查模型间的碰撞并获得碰撞检查报告
	Fuzor	包含 VR、多人网络协同、4D 施工模拟、5D 成本追踪几大功能板块。添加机械和工人后，可以模拟场地布置及现场物流方案

续表

常见软件	软件名称	软件简介
国外	Lumion	实时的 3D 可视化工具，用来制作电影和静帧作品，涉及的领域包括建筑、规划和设计，也可以传递现场演示
国内	广联达 鲁班 品茗 晨曦	平台类 BIM 管理软件，能够进行数据整合、成本分析，从而提高项目管理效率，降低施工成本，保证工程进度
	盈建科（YJK）	面向国际市场的建筑结构设计软件，既有中国规范版，也有欧洲规范版。盈建科第一期推出了盈建科建筑结构设计软件系统

任务 1.1.4　Revit 系列软件的优点

Revit 系列软件是全球领先的数字化设计软件供应商 Autodesk 公司针对建筑设计行业开发的三维参数化设计软件平台。目前以 Revit 技术平台为基础推出的专业版模块包括 Revit Architecture（Revit 建筑模块）、Revit Structure（Revit 结构模块）和 Revit MEP（Revit 设备模块——设备、电气、给排水）三个专业设计工具模块，以满足设计中各专业的应用需求。在 Revit 模型中，所有的图纸、二维视图、三维视图及明细表都是同一个基本建筑模型数据库的信息表现形式。在图纸视图和明细表视图中操作时，Revit 将收集有关建筑项目的信息，并在项目的其他所有表现形式中协调该信息。Revit 参数化修改引擎可自动协调在任何位置（模型视图、图纸、明细表、剖面和平面中）进行的修改。Revit 软件的优点如下。

（1）具有关联特性。

（2）支持多数三维模型格式，包括以下外部接口文件格式：DGN、DWG、DWF、DXF、IFC、SAT、SKP、AVI、ODBC、gbXML、BMP、JPG、TGA、TIF。

（3）Revit 能解决多专业的问题。Revit 不仅有建筑、结构、设备等建模功能，还可以远程协同工作，通过工作流功能将材质输入 3ds Max 中进行渲染、云渲染，进行碰撞分析、绿色建筑分析等。

（4）参数化程度高。不只是对象本身性质的参数化，甚至对象与对象之间的距离关系也能够参数化。

（5）使用 Revit 可以导出各建筑部件的三维设计尺寸和体积数据，为概预算提供资料，资料的准确程度与建模的精确度成正比。

（6）改变传统 2D 设计理念，可以在第一时间进行检查，而且可以一边设计一边检查，从而缩短设计时间，简化沟通流程。

任务 1.2　Revit 基本术语

任务 1.2.1　项目与项目样板

1. 项目

Revit 中所有的模型及信息都被存储在一个后缀名为.rvt 的文件中，这个.rvt 文件叫作项目文件，此文件为 Revit 的默认存档文件。在使用项目文件时需要注意版本问题，高版本文件无法用低版本软件打开，例如 Revit 2018 文件无法用 Revit 2016 软件打开。

2. 项目样板

在新建 Revit 项目文件时，需要用一个后缀名为.rte 的文件作为创建项目的初始条件，这个.rte 文件就是项目样板文件。在项目样板文件中，可以为项目设置统一的项目基点、度量单位、线型标准、标高及显示。

任务 1.2.2　族

在 Revit 中，绘制界面的基本图形被称为图元，例如墙、门、窗、柱子、梁、文字、尺寸标注等。而所有的图元都是由族来创建的，也就是说，族是 Revit 软件工作的基础。

族也有族样板文件，可以通过后缀名进行区分。族文件的后缀名为.rfa，族样板文件的后缀名为.rfe。与项目和项目样板的关系一样，族文件也需要族样板文件作为初始条件进行项目创建。

在 Revit 中，族可以分为以下 3 种。

1. 可载入族

可载入族是指单独保存为.rfa 的独立族文件且可以随时载入到项目中的族。Revit 提供了族样板文件，可以根据自身需要创建满足条件的族并载入到不同的项目中任意使用。

2. 系统族

系统族是 Revit 系统中提供且仅能利用系统提供的默认参数进行定义，不能作为独立族文件进行载入或创建的族。系统族包括墙、楼板、屋顶、尺寸标注等。

3. 内建族

在使用 Revit 绘制项目时，可以在项目中直接创建族，此功能在项目中为"内建模型"，通过此方式绘制的族不能够单独存储为.rfa 文件。

任务 1.2.3　类型与实例

图纸中的每个图元都是某个族类型的一个实例。图元有两组用来控制其外观和行为的属性：类型属性和实例属性。

1. 类型属性

同一组类型属性由一个族中的所有图元公用，而且特定族类型的所有实例的每个属性都具有相同的值。例如，属于"桌"族的所有图元都具有"宽度"属性，但是该属性的值因族类型而异，因此，"桌"族中 60 英寸×30 英寸（1525 mm×762 mm）族类型的所有实例的"宽度"值都为 60 英寸（1525 mm），72 英寸×36 英寸（1830 mm×915 mm）族类型的所有实例的"宽度"值都为 72 英寸（1830 mm）。修改类型属性的值会影响该族类型当前和将来的所有实例。

2. 实例属性

一组公用的实例属性还适用于属于特定族类型的所有图元，但是这些属性的值可能会因图元在建筑或项目中的位置而异。例如，窗的尺寸标注是类型属性，但其在标高处的高度则是实例属性。同样，梁的横剖面尺寸标注是类型属性，而梁的长度是实例属性。修改实例属性的值只影响选择集内的图元或将要放置的图元。例如，如果用户选择一个梁，并且在"属性"选项板中修改它的某个实例属性值，则只有该梁受到影响。如果用户选择一个用于放置梁的工具，并且修改该梁的某个实例属性值，则新值将应用于用户用该工具放置的所有梁。

任务 1.2.4 图元

图元也被称为图元行为，图元可以分为以下 3 种。

（1）基准图元：帮助定义项目的定位信息，例如标高、轴网、参照平面等。

（2）模型图元：表示建筑的实际几何图形，例如墙、门、窗、柱子、梁等。

模型图元又被分为两种类型：主体和构件。

主体：通常在构造场地的在位构建，例如墙、楼板、柱子等。

构件：指建筑模型中其他所有类型的图元，例如门、窗、家具等。

（3）视图专有图元：只显示在放置这些图元的视图中，可以帮助用户对模型进行描述或归档，例如尺寸标注、标记、详图。

视图专有图元又被分为两种类型：标注和详图。

标注：对模型信息进行提取并在图纸上以标记文字的方式显示其名称和特性，例如尺寸标注、标记、注释符号等。

详图：在特定视图中提供有关建筑模型详细信息的二维项，包括详图线、填充区域、详图构件。

任务 1.3 Revit 基本操作

 扫一扫学习 Revit 基本操作微课视频

任务 1.3.1 Revit 的启动

软件安装成功后，双击桌面上的快捷方式图标，即可打开启动界面，如图 1-1 所示。在启动界面中，主要包含项目和族两大区域，分别用于打开或创建项目，以及打开或创建族。

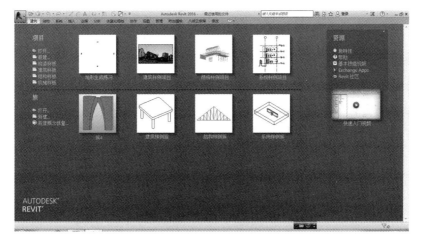

图 1-1 启动界面

项目样板文件是 Revit 工作的基础。在项目样板文件中预设了新建项目的所有默认设置，包括长度单位、轴网标高样式和墙体类型等。软件默认提供以下 5 个项目样板文件。

- 构造样板文件：包含建筑、结构模型绘制所需的基本设置（基础族、界面设置等）。
- 建筑样板文件：包含建筑模型绘制所需的基本设置（基础族、界面设置等）。
- 结构样板文件：包含结构模型绘制所需的基本设置（基础族、界面设置等）。
- 机械样板文件：包含机械设备模型绘制所需的基本设置（基础族、界面设置等）。
- 族样板文件：包含各种类型族的限制条件，方便相应类型族的创建。

任务 1.3.2　Revit 用户界面

Revit 使用 Ribbon 界面，用户可以根据自己的需要修改界面布局，可以将功能区设置为 4 种显示方式之一，也可以同时显示若干个项目视图，或者修改项目浏览器的默认位置等，界面整体布局如图 1-2 所示。

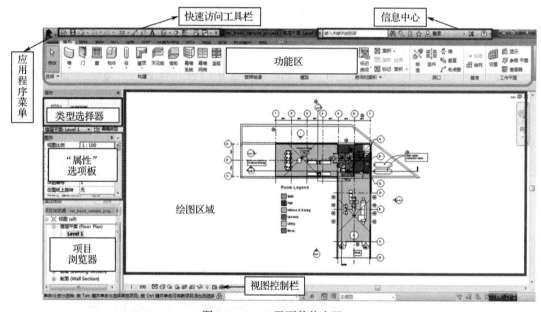

图 1-2　Revit 界面整体布局

1. 应用程序菜单

应用程序菜单包含新建、打开、保存、另存为等针对项目文件的操作按钮。在应用程序菜单中，可以单击各菜单项右侧的箭头，打开每个菜单项的子菜单，然后选择子菜单中的各选项进行相应的操作，如图 1-3 所示。

单击应用程序菜单右下角的"选项"按钮，可以打开"选项"对话框，默认显示"常规"选项卡，如图 1-4 所示。在"选项"对话框的"用户界面"选项卡中，可以根据工作需要自定义软件的快捷键，如图 1-5 所示；在"图形"选项卡中可以设置图形模式、颜色等，如图 1-6 所示；在"文件位置"选项卡中可以设置保存用户文件的默认路径和保存族样板文件的默认路径等，如图 1-7 所示。

图 1-3　应用程序菜单　　　　　图 1-4　"选项"对话框("常规"选项卡)

图 1-5　"选项"对话框("用户界面"选项卡)

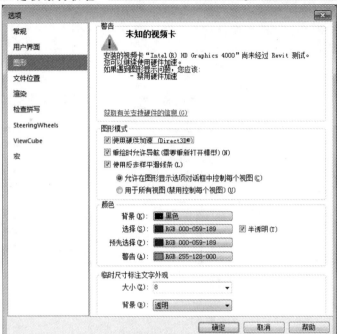

图 1-6 "选项"对话框("图形"选项卡)

图 1-7 "选项"对话框("文件位置"选项卡)

2. 快速访问工具栏

除可以在功能区中单击工具按钮或选择命令外，Revit 还提供了快速访问工具栏，如图 1-8 所示，用于执行常用的命令，默认情况下快速访问工具栏包含以下命令。

图 1-8　快速访问工具栏

1）命令添加与删除

将鼠标指针移动到需要添加到快速访问工具栏中的工具按钮上并右击，在弹出的快捷菜单中选择"添加到快速访问工具栏"选项，如图 1-9 所示，即可添加该工具按钮到快速访问工具栏。

图 1-9　选择"添加到快速访问工具栏"选项

将鼠标指针移动到需要从快速访问工具栏中删除的工具按钮上并右击，在弹出的快捷菜单中选择"从快速访问工具栏中删除"选项，如图 1-10 所示，即可从快速访问工具栏中删除该工具按钮。

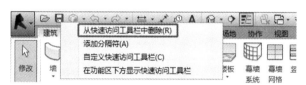

图 1-10　选择"从快速访问工具栏中删除"选项

单击快速访问工具栏右侧的下拉按钮，打开下拉列表，通过取消勾选相应的选项也可以删除快速访问工具栏中的工具按钮，如图 1-11 所示。

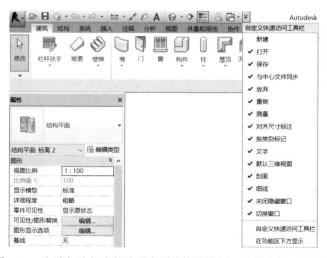

图 1-11　取消勾选相应的选项来删除快速访问工具栏中的工具按钮

2）工具按钮的位置调整

在快速访问工具栏上右击，在弹出的快捷菜单中选择"自定义快速访问工具栏"选项，如图 1-12 所示。

图 1-12 选择"自定义快速访问工具栏"选项

在打开的"自定义快速访问工具栏"对话框中可以对快速访问的工具按钮进行排序、添加分隔符、删除等操作，如图 1-13 所示。

图 1-13 "自定义快速访问工具栏"对话框

3. 功能区

功能区包括 3 部分：选项卡、上下文选项卡、选项栏。

1）选项卡

选项卡中列出了 Revit 中的主要命令，如图 1-14 所示。

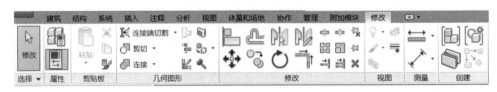

图 1-14 选项卡

"建筑"选项卡：包含创建建筑模型所需的工具按钮。

"结构"选项卡：包含创建结构模型所需的工具按钮。

"系统"选项卡：包含创建通风、管道、电气所需的工具按钮。

"插入"选项卡：用于添加和管理次级项目，例如导入 CAD、插入族等。

"注释"选项卡：用于将二维信息添加到设计中。

"分析"选项卡：用于绿色建筑分析计算与报表导出。

"视图"选项卡：用于管理和修改当前视图及切换视图。

"体量和场地"选项卡：用于创建内建体量、修改概念体量族和场地图元。

"协作"选项卡：包含各专业人员协作的工具按钮。

"管理"选项卡：对项目和系统参数进行设置和管理。

"附加模块"选项卡：安装第三方插件（例如 Navisworks 软件）后，才能使用该选项卡。

"修改"选项卡：用于编辑现有图元、数据和系统。

2）上下文选项卡

上下文选项卡是在使用某个工具或选中某个图元时跳转到的针对该命令的选项卡，用于方便完成后续工作，起到承上启下的作用。工具使用完毕或退出选中图元时，该选项卡自动关闭。

单击工具按钮可以执行相应的命令，进入绘制或编辑状态。例如，要使用"门"工具，可依次单击"建筑"选项卡→"构建"面板→"门"命令。

3）选项栏

选项栏默认位于功能区下方，用于设置当前正在执行的命令的参数，如图 1-15 所示。选项栏类似 AutoCAD 的命令提示行，其参数因当前所使用的工具或所选图元的不同而不同。图 1-15 为使用"墙"工具时，选项栏的参数设置。

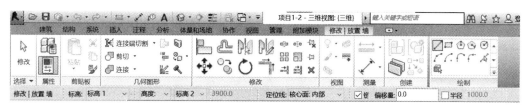

图 1-15 选项栏

Revit 根据各工具的性质和用途，将它们分别组织在不同的面板中，如图 1-16 所示。

图 1-16 面板

如果一个工具命令中存在其他工具命令，就会在工具图标下方显示一个下拉按钮，单击该下拉按钮，在打开的下拉列表中会显示附加的相关工具。如图 1-17 所示为"楼板"工具中包含的附加工具。

图 1-17 "楼板"工具中包含的附加工具

Revit 提供了 4 种不同的功能区视图显示方式。单击选项卡右侧的功能区切换下拉按钮，在打开的下拉列表中可以选择不同的显示方式，如图 1-18 所示。

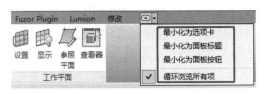

图 1-18　选择功能区视图显示方式

4. "属性"选项板

使用"属性"选项板可以查看和修改用来定义 Revit 中图元实例属性的参数。单击"属性"选项板中的"编辑类型"按钮，打开"类型属性"对话框，可对图元实例属性的参数进行修改，如图 1-19 所示。

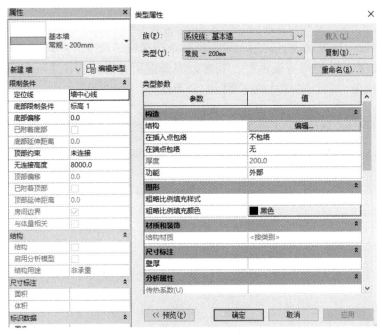

图 1-19　"属性"选项板和"类型属性"对话框

在任何情况下，按 Ctrl+1 组合键即可打开或关闭"属性"选项板；也可以在绘图区域中右击，在弹出的快捷菜单中选择"属性"选项，打开"属性"选项板。可以将该选项板固定到 Revit 窗口的任意一侧，也可以将其拖曳到绘图区域的任意位置成为浮动面板。

当选择图元对象时，"属性"选项板上将显示当前所选择对象的实例属性；如果未选择任何图元，则选项板上将显示活动视图的属性。

5. 项目浏览器

项目浏览器用于组织和管理当前项目中包含的所有信息（如图 1-20 所示），例如项目中的所有视图、明细表、图纸、族、组、Revit 链接的模型等项目资源。Revit 按逻辑层次关系组织这些项目资源，方便用户管理。在展开/折叠各分支时，将显示/隐藏下一层级的内

容。在项目浏览器中，项目类别前显示加号表示该类别中还包括其他子类别项目。最常用的操作就是利用项目浏览器在各个视图间切换，通过双击视图名称即可完成切换。

与"属性"选项板相同，项目浏览器的打开方式是，在绘图区域右击，在弹出的快捷菜单中选择"浏览器"，再选择"项目浏览器"即可。

图1-20　项目浏览器

6. 视图控制栏

在楼层平面视图和三维视图中，绘图区域各个视图窗口的底部均会出现视图控制栏，如图1-21所示。

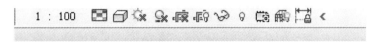

图1-21　视图控制栏

通过视图控制栏可以快速访问影响当前视图的功能，共有下列12个功能：视图比例、详细程度、视觉样式、打开/关闭日光路径、打开/关闭阴影、显示/隐藏渲染对话框、裁剪视图、显示/隐藏裁剪区域、解锁/锁定三维视图、临时隐藏/隔离、显示隐藏的图元、分析模型的可见性。

下面介绍几个影响当前视图的常用功能。

"视图比例"：用于控制模型尺寸与当前视图显示之间的关系，如图1-22所示。

图1-22　"视图比例"功能

"详细程度"：Revit提供了3种视图的详细程度，即粗略、中等和精细，如图1-23所示。Revit中的图元可以在族中定义在不同视图详细程度模式下要显示的模型。

"视觉样式"：用于控制在视图中的显示方式，如图1-24所示。Revit提供了6种视觉样式，自上而下显示效果逐渐增强，但所需要的系统资源也越来越多。一般平面或剖面施工图可设置为"线框"或"隐藏线"模式，这样系统消耗资源较少、项目运行较快。

图 1-23 "详细程度"功能　　　　　　图 1-24 "视觉样式"功能

"临时隐藏/隔离"：在视图中可以根据建模需要临时隐藏任意图元，方便用户建模；隔离则是将选择的图元单独显示出来。该功能有 4 个选项：隔离类别、隐藏类别、隔离图元、隐藏图元（如图 1-25 所示）。

（1）隔离类别：只显示与选中对象相同类型的图元，其他图元将被临时隐藏。

（2）隐藏类别：选中的图元及与其具有相同属性的图元将会被隐藏。

（3）隔离图元：只显示选中的图元，与其具有相同类别属性的图元不会被显示。

（4）隐藏图元：只有选中的图元会被隐藏，同类别的图元不会被隐藏。

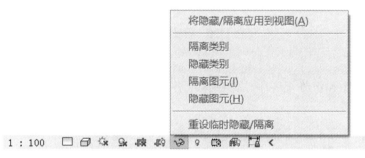

图 1-25 "临时隐藏/隔离"功能

恢复部分被隐藏图元的方法：单击"临时隐藏/隔离"按钮，在弹出的菜单中选择"将隐藏/隔离应用到视图"选项，然后单击"显示隐藏图元"按钮，此时被隐藏的图元显示为暗红色，右击想要显示的图元，在弹出的快捷菜单中选择"取消在视图中隐藏"→"图元"选项，完成后再次单击"显示隐藏图元"按钮，即可重新显示被隐藏的图元。

7. 状态栏

状态栏中会显示当前选择和捕捉的图元的名称等基本信息，可以根据软件提示进行下一步操作，如图 1-26 所示。

图 1-26 状态栏

8. 图元选择控制栏

绘图区域的右下角就是图元选择控制栏，用于对选择的图元进行调整和控制，包含 7

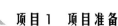

个工具（如图 1-27 所示）：选择链接、选择基线图元、选择锁定图元、按面选择图元、选择时拖曳图元、后台进程和过滤器。

图 1-27　图元选择控制栏

任务 1.3.3　图元基本操作

1. 选择和查看

1）预选

当把鼠标指针移动到某个对象附近时，该对象的轮廓就会高亮显示，相关说明会在工具提示框和界面左下方的命令提示栏中显示。当对象的轮廓高亮显示时，可按"Tab"键切换至相邻的对象。

2）点选

要选择多个图元，可以按住"Ctrl"键后单击要添加到选择集中的图元；按住"Shift"键单击已选择的图元，将从选择集中取消该图元的选择。

3）框选

当把鼠标指针放在要选择的图元的一侧，并向对角方向拖曳鼠标以形成矩形边界时，可以绘制选择范围框。当从左至右拖曳鼠标绘制选择范围框时，将生成"视线范围框"。被视线范围框包围的图元即被选中；当从右至左拖曳鼠标绘制选择范围框时，将生成"虚线范围框"，所有被完全包围或与范围框边界相交的图元均被选中。

4）特性选择

如果想全部选择，可以在选中一个图元之后右击，在弹出的快捷菜单中选择"选择全部实例"→"在视图中可见"或"在整个项目中"选项，如图 1-28 所示。"在视图中可见"和"在整个项目中"的区别是，前者选择的是当前活动视图的全部实例，而后者选择的是整个项目中所有的图元。

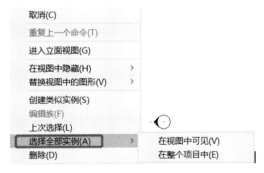

图 1-28　选择全部实例

2. 图元编辑

Revit 中提供了"对齐""移动""偏移""复制""镜像"等命令，如图 1-29 所示。

图 1-29　Revit 中的图元编辑命令

"移动" ：能将一个或多个图元从一个位置移动到另一个位置。在移动的时候，可以选择图元上某一个点或某一条线来移动，也可以在空白处任意移动。

"复制" ：可以复制一个或多个选定图元并生成副本。单击图元后，在使用 "复制" 命令时，可以通过勾选选项栏中的 "多个" 复选框实现连续复制图元。

"阵列" ：可以将选中的一个或多个图元进行线性或半径阵列复制。例如，多根等距的轴网可以使用 "阵列" 命令进行创建。在族中可以利用 "阵列" 命令为图元添加 "个数" 参数，如吊灯的灯泡个数。

"对齐" ：将一个或多个图元与选定的位置对齐。在执行 "对齐" 命令时，在选项栏中勾选 "多重对齐" 复选框可实现多个图元统一对齐。

"旋转" ：使用 "旋转" 工具可使图元沿指定轴旋转。

思考题

1．什么是建筑信息模型（BIM）？
2．建筑信息模型的特性有哪些？它的应用价值体现在哪些方面？
3．用一个建筑构件，举例说明族、类型、实例、属性这 4 个术语。

项目 **2**

建筑模型设计

任务 2.1 Revit 建模环境

任务 2.1.1 Revit 建模软硬件配置

Revit 建模软硬件配置如表 2-1 所示。

表 2-1 Revit 建模软硬件配置

计算计硬件	软件最低配置	项目应用建议基本配置
CPU	Intel i5 或同等性能 AMD	Intel i7 主频 3.0 GHz 以上或同等性能 AMD
内存	8GB	16 GB
硬盘	C 盘可用空间至少 30GB	C 盘可用空间至少 30 GB，固态硬盘可用空间至少 120 GB（固态硬盘能够大幅提高软件开启和文件读写速度）
显卡	支持 24 位色显示适配器	支持 24 位色显示适配器
显示器	1280 像素×1024 像素真彩色	1280 像素×1024 像素真彩色
操作系统	Windows 7、Windows 8、Windows 10，64 位	Windows 7、Windows 8、Windows 10，64 位

任务 2.1.2 Revit 建模流程

目前，国内工程项目一般采用传统的设计—招标—施工—运维项目流程，BIM 模型在这个流程中不断生成、细化。项目中不同的专业团队共同协作完成 BIM 模型的建模流程，一般按照"先土建后机电、先粗略后精细"的顺序来进行。

考虑到项目设计和建造的顺序，Revit 建模流程通常如图 2-1 所示（按序号建造）。

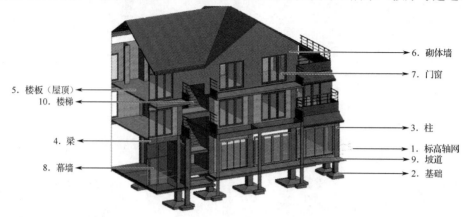

图 2-1　Revit 建模流程

任务 2.2　标高与轴网

任务 2.2.1　标高的创建

标高是项目的基本信息，在建模过程中，高度定位大多与标高紧密联系。需要注意的是，在创建或调整标高时，建模必须是立面或剖面视图。在项目浏览器中双击"立面"中的"东"，进入东立面视图。在创建项目标高时，可先修改默认的标高。

在创建所有项目之前，在软件启动界面中单击"建筑样板"按钮，以"建筑样板"为基础创建新项目。选择"建筑"选项卡→"基准"面板→"标高"命令，将鼠标指针移动至与左侧边缘对齐的位置，输入数值 2000，如图 2-2 所示。按 Enter 键，确定标高的第一点，向右移动鼠标，移动至右侧边缘后单击以确定标高的第二点，完成标高 3 的绘制，如图 2-3 所示。

图 2-2　绘制标高 2

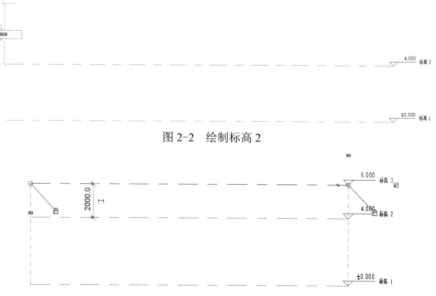

图 2-3　绘制标高 3

任务 2.2.2　标高的修改

1. 修改标高名称

选中要修改名称的标高，如图 2-4 所示。单击标高名称，把"标高 2"修改为"F2"，这时弹出如图 2-5 所示的提示对话框，单击"是"按钮后，"项目浏览器"中对应视图的名称将被修改为"F2"，如图 2-6 所示。

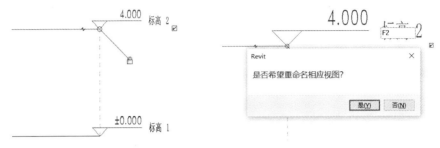

图 2-4　选中要修改名称的标高　　　　图 2-5　提示对话框

2. 修改标高高度

在 Revit 中修改标高高度的方法有以下两种。

● 单击要修改的标高，在标头上方的标高文本框里直接修改，如图 2-7 所示。

注意：输入的数值单位为 m。

图 2-6　对应的视图名称被修改　　图 2-7　标高高度修改方法一

● 选中要修改的标高，在"属性"选项板的"限制条件"→"立面"栏中可以修改立面的高度，如图 2-8 所示。注意，此时数值单位为 mm。

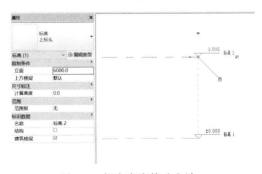

图 2-8　标高高度修改方法二

3. 复制标高

选择标高 F2，再选择"修改|标高"选项卡，然后在"修改"面板中选择"复制"命令，并勾选"约束"和"多个"复选框，如图 2-9 所示。选择 F2 标高，为 F2 标高移动一个方向并输入数值。

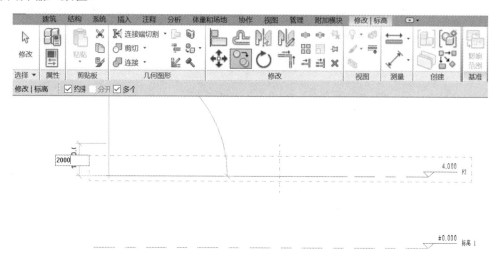

图 2-9　标高的复制

4. 阵列标高

选择标高 F2，再选择"修改|标高"选项卡，在"修改"面板中选择"阵列"命令，不勾选"约束"和"成组并关联"复选框，然后选中"第二个"单选按钮，在"项目数"文本框中输入阵列的数量，最后输入移动的具体数值即可，如图 2-10 所示。

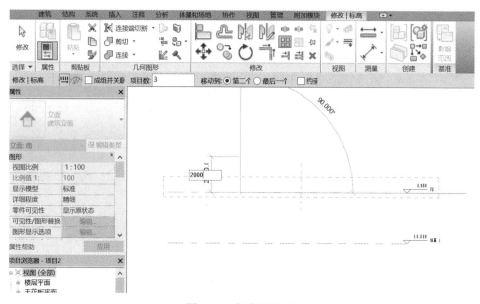

图 2-10　标高的阵列

任务 2.2.3 轴网的创建

Revit 中有 5 个绘制轴网的命令，如图 2-11 所示。"直线"命令用于绘制直线的轴网，"起点—终点—半径弧"命令和"圆心—端点弧"命令用于绘制弧形的轴网，"拾取线"命令可以通过拾取模型线或链接 CAD 的轴网线快速生成轴网，"多段"命令用于绘制由折线或由直线和弧线组成的复杂轴网。

图 2-11 5 个轴网绘制命令

轴网的绘制方法与标高的绘制方法类似，可按照以下步骤绘制轴网。

（1）在功能区中选择"建筑"选项卡→"基准"面板→"轴网"命令，如图 2-12 所示，软件自动跳转至"修改|放置轴网"上下文选项卡。在"属性"选项板中单击"编辑类型"按钮，打开"类型属性"对话框，在"类型"下拉列表框中选择"6.5 mm 编号"，按图 2-13 对轴网属性进行修改，然后单击"确定"按钮。

图 2-12 选择"轴网"命令

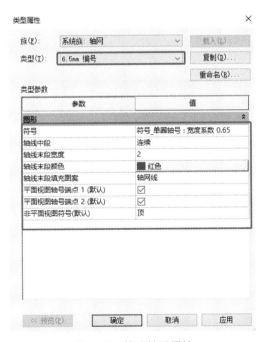

图 2-13 修改轴网属性

（2）完成属性编辑后就可以绘制轴网了，先绘制"数字轴"（垂直方向），绘制完成后退出绘制命令，选中"1 轴"，然后选择"修改|轴网"上下文选项卡→"修改"面板→"复

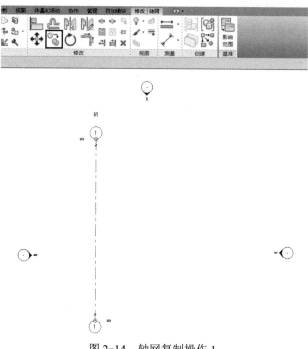

制"命令，如图 2-14 所示。

图 2-14　轴网复制操作 1

（3）单击"1 轴"确定移动起点，向右移动鼠标，在键盘上输入想要移动的距离，在距离 4600 mm 处单击进行确认，如图 2-15 所示。"数字轴"绘制完成后继续绘制"字母轴"（水平方向，如图 2-16 所示）。注意：先绘制水平方向的第一条轴线，将轴号修改为 A 后，再进行复制。

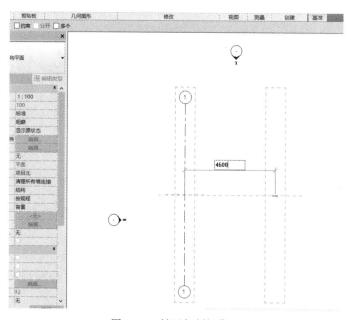

图 2-15　轴网复制操作 2

"约束"：勾选该复选框后，复制出的图元只能在被复制图元的水平或垂直方向进行放置。

"多个"：勾选该复选框后，可以连续复制多个被复制图元。

图 2-16 绘制字母轴

任务 2.2.4 轴网的修改

扫一扫学习
轴网的修改
微课视频

1. 修改轴头

选中要修改的轴网，在轴头位置单击即可进行修改，如图 2-17 所示。

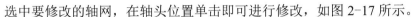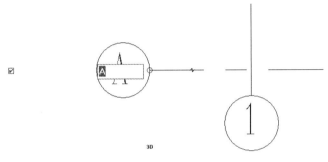

图 2-17 修改轴头

2. 修改轴网间距

选中要修改的轴网，在临时尺寸标注位置输入距离数值即可进行修改，如图 2-18 所示。

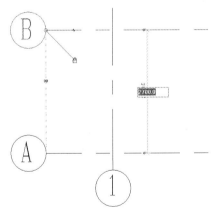

图 2-18 修改轴网间距

实操训练 1 绘制标高轴网

（1）某建筑共 50 层，其中首层地面标高为±0.000，首层层高为 6.0 米，第 2~4 层层高均为 4.8 米，第 5 层及以上层高均为 4.2 米，请按要求创建项目标高，并创建每个标高的楼

25

层平面视图。另外，请按照图 2-19 和图 2-20 中的要求绘制项目轴网，最后将文件保存为项目文件，命名为"轴网标高1"。

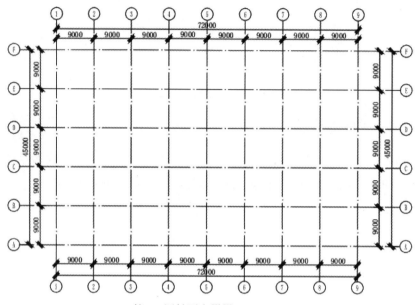

第1～5层轴网布置图　1:500

图 2-19　第 1～5 层轴网布置图

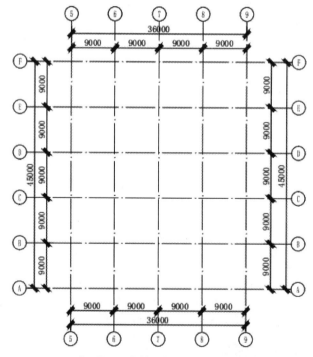

第6层及以上轴网布置图　1:500

图 2-20　第 6 层及以上轴网布置图

（2）根据图 2-21 所示的首层平面图、图 2-22 所示的南立面图中给定的尺寸绘制标高轴网，要求两侧标头均显示，将轴网颜色设置为红色并进行尺寸标注，最后请将模型以"教学楼轴网"为文件名进行保存。

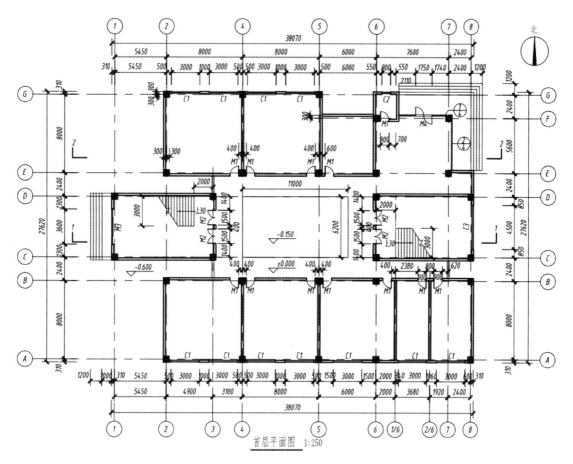

图 2-21 首层平面图

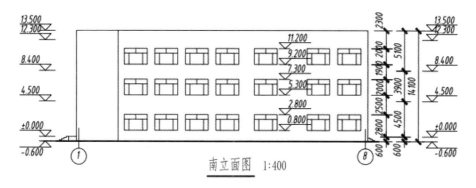

图 2-22 南立面图

任务2.3 柱

1. 建筑柱与结构柱的区别

Revit 中有建筑柱和结构柱两种柱构件，如图 2-23 所示。建筑柱和结构柱在 Revit 中的功能和作用并不相同。建筑柱主要是装饰和维护的作用，而结构柱主要用于支撑和承载重量。在"建筑"选项卡中单击"柱"下拉按钮，在打开的下拉列表中选择"柱：建筑"命令，创建的就是建筑柱。从建模角度来说，建筑柱的建模方法与结构柱的建模方法相同，只是不具备结构属性。本节以结构柱为例进行讲解。

2. 结构柱的创建与绘制

打开 Revit 软件后，单击"建筑样板"按钮以新建项目，再选择"结构"选项卡→"结构"面板→"柱"命令，如图 2-24 所示。在"属性"选项板中单击"编辑类型"按钮，打开"类型属性"对话框，单击"载入"按钮，如图 2-25 所示。在打开的对话框中依次单击"结构"→"柱"→"混凝土"→"混凝土-矩形-柱"，然后单击"打开"按钮，如图 2-26 所示。

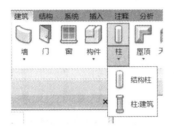

图 2-23 两种柱构件

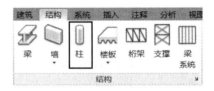

图 2-24 选择"柱"命令

图 2-25 单击"载入"按钮

在"类型属性"对话框中单击"复制"按钮，在打开的对话框中将柱的名称改为"KZ-1"，单击"确定"按钮，返回"类型属性"对话框，将尺寸标注 b 的值设置为 450.0，将尺寸标注 h 的值设置为 500.0，如图 2-27 所示，完成后单击"确定"按钮。

图 2-26　选择"混凝土-矩形-柱"

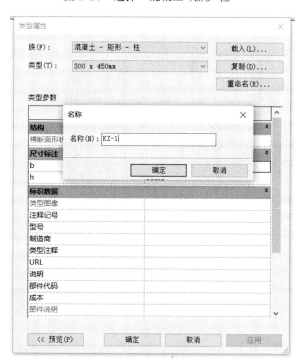

图 2-27　复制柱及柱尺寸修改

在选项栏中，选择"高度"后，将标高设置为"标高 2"，如图 2-28 所示。在绘制界面的相应位置单击，以放置"柱"，如图 2-29 所示。

图 2-28　柱的选项栏

图 2-29　放置柱

（1）高度、深度。

高度：本层标高为底标高，设置顶标高。

深度：本层标高为顶标高，设置底标高。

（2）材质。

可在"属性"选项板中对结构柱的材质进行修改，如图 2-30 所示。

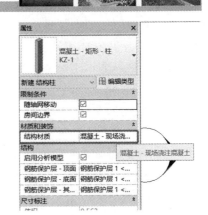

图 2-30　修改结构柱的材质

实操训练 2　绘制柱

在实操训练 1 第（2）部分"教学楼轴网"的基础上完成以下任务：要求绘制的柱的柱尺寸为 600 mm×600 mm，柱底标高为-0.60 m，顶标高为 4.500 m，完成后将模型文件以"教学楼柱子"为文件名进行保存，如图 2-31 所示。

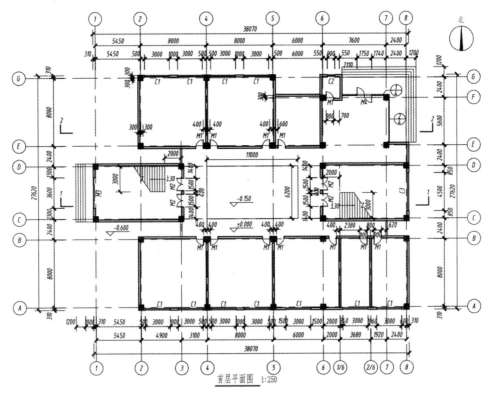

图 2-31　绘制教学楼柱子

任务 2.4　墙体

扫一扫学习基本墙的绘制微课视频

与建筑模型中的其他基本图元类似，墙也是预定义系统族类型的实例，表示墙功能、组合和厚度的标准变化形式，如图 2-32 所示。可以通过修改墙的类型属性来添加或删除层、将层分隔为多个区域，以及修改层的厚度或指定的材质，也可以自定义这些属性。单击"墙"工具下拉按钮，在打开的下拉列表中选择所需的墙类型，并将该类型的实例放置在平面视图或三维视图中，就可以将墙添加到建筑模型中。要放置实例，可以在功能区中选择一个绘制工具，在绘图区域绘制墙的线性范围，或者通过拾取现有线、边或面来定义墙的线性范围。墙相对于所绘制路径或所选现有图元的位置由墙的某个实例属性的值来确定，即"定位线"。在视图中放置墙后，可以添加墙饰条或分隔缝、编辑墙的轮廓，以及插入主体构件，如门和窗。

图 2-32 "墙"工具

任务 2.4.1 基本墙的创建

在绘制墙时，如果没有明确要求使用"建筑墙"或"结构墙"进行绘制，则优先创建"建筑墙"。在 Revit 中，两类墙的绘制方式一致，此处以"建筑墙"为例进行绘制。

选择"建筑"选项卡→"构建"面板→"墙：建筑"命令，在"属性"选项板中单击"编辑类型"按钮，打开"类型属性"对话框，单击"复制"按钮，在打开的对话框中将"名称"改为"外墙"，如图 2-33 所示。单击"确定"按钮返回"类型属性"对话框，单击"编辑"按钮，如图 2-34 所示。在打开的"编辑部件"对话框中，将"厚度"改为 300.0，然后单击"材质"列中"按类别"后方的按钮，如图 2-35 所示。打开"材质浏览器"对话框，通过单击"将材质添加到文档中"按钮将库中的"砖，普通，红色"材质添加至"材质浏览器"中，如图 2-36 所示。随后选中此材质，单击"确定"按钮，如图 2-37 所示。设置结果如图 2-38 所示，单击"确定"按钮完成墙体设置。

图 2-33 复制墙并命名

图 2-34 单击"编辑"按钮

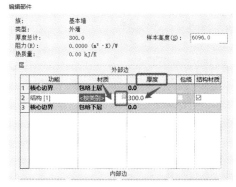

图 2-35 "编辑部件"对话框

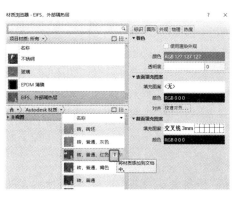

图 2-36 "材质浏览器"对话框

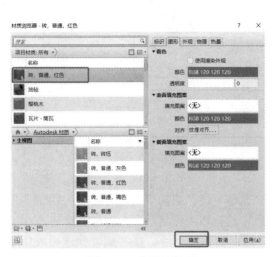

图 2-37　选择墙材质

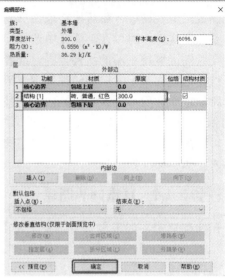

图 2-38　墙结构设置结果

完成编辑后，进入绘制墙体界面，将"属性"选项板中的"顶部约束"改为"直到标高：标高 2"（如图 2-39 所示），或者在选项栏中将"高度"改为"标高 2"，选项栏中的其他参数按照图 2-40 进行设置。在"1 轴"与"A 轴"的交点处单击作为墙体的起始点，向右移动鼠标指针至 8000 mm 处，单击作为第二点，以确定墙体长度，如图 2-41 所示。绘制完成后可单击"三维视图"按钮对其进行查看，如图 2-42 所示。

图 2-39　设置墙标高

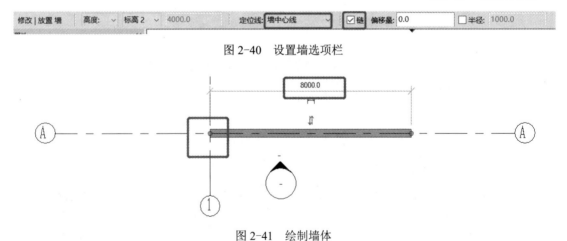

图 2-40　设置墙选项栏

图 2-41　绘制墙体

注意：

（1）使用默认"线"工具可通过在图形中指定起点和终点来放置墙分段，或者可以指定起点，沿所需方向移动鼠标指针，然后输入墙的长度值即可绘制墙体。

（2）使用"绘制"面板中的其他工具，可以绘制矩形布局、多边形布局、圆形布局和弧形布局。

（3）在使用任意一种工具绘制墙时，可以按空格键相对于墙的定位线翻转墙的内部/外部方向。

（4）在沿着现有的线放置墙时，使用"拾取线"工具可以沿着在图形中选择的线来放置墙分段。线可以是模型线、参照平面或图元（如屋顶、幕墙嵌板和其他墙）边缘。

（5）在将墙放置在现有面上时，使用"拾取面"工具可以将墙放置于在图形中选择的体量面或常规模型面上。

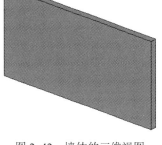

图 2-42　墙体的三维视图

（6）绘制方向：顺时针正向，外部在外侧；逆时针逆向，内部在外侧。

（7）绘制完成后，显示翻转符号的一边为外部边。

任务 2.4.2　幕墙的创建

扫一扫学习
幕墙的创建
微课视频

在 Revit 中，幕墙由幕墙嵌板、幕墙网格及幕墙竖梃 3 部分组成，如图 2-43 所示。幕墙嵌板是构成幕墙的基本单元，幕墙由一块或多块幕墙嵌板组成。幕墙网格决定了幕墙嵌板的大小和数量。幕墙竖梃为幕墙龙骨，是沿幕墙网格生成的线性构件。

选择"建筑"选项卡→"构建"面板→"墙：建筑"命令，在"属性"选项板中单击"类型选择"下拉按钮，在打开的下拉列表中有 3 种幕墙类型，与绘制墙体一样，选择"幕墙"类型，如图 2-44 所示。在"属性"选项板中单击"编辑类型"按钮，在打开的对话框中勾选"自动嵌入"后面的复选框，如图 2-45 所示，然后单击"确定"按钮。按图 2-46 所示对幕墙属性进行设置，在距离"A 轴"600 mm 位置单击以确定幕墙的第一点，向右移动鼠标指针至 5000 mm 后单击以确定幕墙的第二点。由于默认的幕墙还未划分网格，所以目前创建的幕墙是一整片玻璃的样式，可以切换至三维视图进行查看，幕墙已完全嵌入刚才绘制的墙内，如图 2-47 所示。

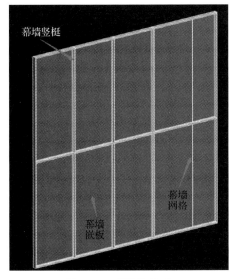

图 2-43　幕墙的组成

图 2-44　选择"幕墙"类型

图 2-45　勾选"自动嵌入"后面的复选框

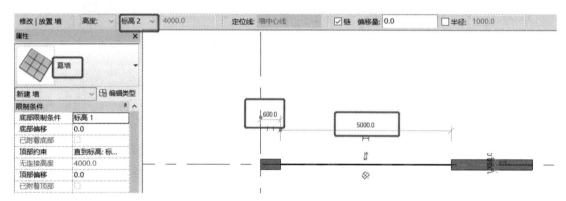

图 2-46　幕墙设置

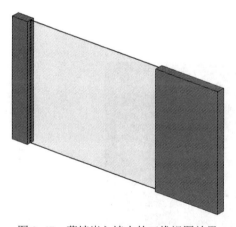

图 2-47　幕墙嵌入墙内的三维视图效果

任务 2.4.3　幕墙网格的划分

可以直接在幕墙的"类型属性"对话框中设置垂直网格和水平网格的布局、间距，还可以设置垂直竖梃和水平竖梃的类型，如图 2-48 所示。设置完成后，幕墙会自动添加规则的网格和竖梃，如图 2-49 所示。

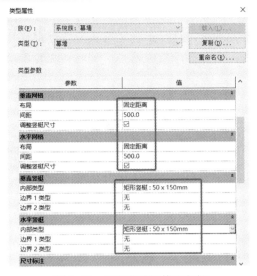

图 2-48　设置幕墙网格和竖梃

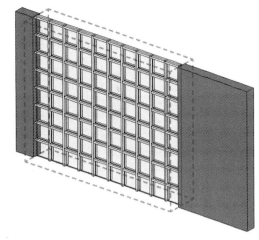

图 2-49　幕墙网格和竖梃三维视图效果

上述添加的类型仅限于所有网格及竖梃有固定距离或固定数量，局限性较大，且设置后不能自由更改。Revit 也提供了专门的"幕墙网格"功能，用于创建不规则的幕墙网格。

首先用"幕墙"命令创建一面没有幕墙网格的幕墙，将视图切换至"南立面"，选择"建筑"选项卡→"构建"面板→"幕墙网格"命令，自动打开"修改|放置 幕墙网格"上下文选项卡，且默认选择"全部分段"命令，如图 2-50 所示。将鼠标指针移动至幕墙上，出现垂直或水平虚线，单击鼠标即可放置幕墙网格。与虚线同时出现的还有

图 2-50　"修改/放置 幕墙网格"上下文选项卡

临时尺寸，可以帮助用户确认网格的位置。放置完成后，可以通过临时尺寸调整网格，如图 2-51 所示。

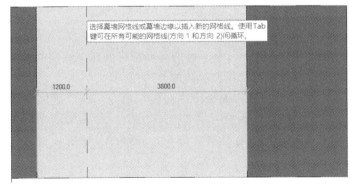

图 2-51　网格线位置

注意：

（1）"全部分段"命令是在一面幕墙上放置整段的网格线段。

（2）"一段"命令是在一个嵌板上放置一段网格线段。

（3）"除拾取外的全部"命令是在绘制时选择不需要的一段网格线，软件会直接删除相应的那一段网格线。选中放置好的网格，在"修改|幕墙网格"上下文选项卡中会出现"添加/删除线段"命令，在需要删除网格的位置单击，即可删除某段网格；反之，在某段缺少网格的位置单击，可以添加网格，如图 2-52 所示。

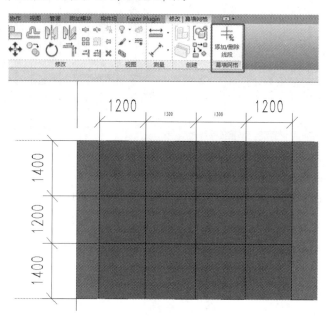

图 2-52　网格的添加和删除

当添加幕墙网格后，幕墙就会自动划分成多块嵌板。要编辑某块嵌板，可以选中该嵌板，然后进行修改。在进行幕墙相关构件的选择时，可以用 Tab 键帮助选择。当把鼠标指针移到幕墙旁时，会高亮预显要选择的部分，此时不断按 Tab 键，预显会在竖梃、幕墙、网格、嵌板之间切换，提示栏中也会显示当前预显部分的名称，当显示要选择的部分时，单击鼠标即可选中。

任务 2.4.4　竖梃的添加

Revit 中提供了单独的"竖梃"命令，可为幕墙网格创建个性化的幕墙竖梃。竖梃必须依附于网格线才可放置，其外形由二维竖梃轮廓族所控制。

单击"建筑"选项卡→"构建"面板→"竖梃"命令，在"属性"选项板的"类型选择"下拉列表中有多种预设的竖梃类型可供选择，如图 2-53 所示。如果没有需要的类型，则可以新建，也可对竖梃的类型进行选择、编辑，并修改其轮廓、材质、厚度及尺寸，如图 2-54 所示。

在"修改|放置 竖梃"上下文选项卡中，Revit 提供了 3 种放置竖梃方式，即网格线、单段网格线、全部网格线，如图 2-55 所示。选择相应命令后单击网格即可进行添加。

注意：

（1）"网格线"命令是在整段网格线上放置竖梃。

（2）"单段网格线"命令是在一段网格线上放置竖梃。

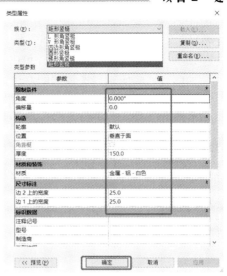

图 2-53　竖梃类型　　　　　　　　图 2-54　竖梃参数设置

（3）"全部网格线"命令是在此幕墙全部网格线上均匀放置竖梃。

在 Revit 中，使用"角竖梃"命令不能定制轮廓，而使用"矩形竖梃"或"圆形竖梃"命令可以选择其他轮廓。

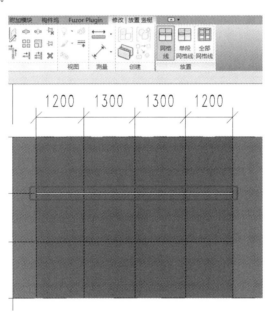

图 2-55　"修改|放置 竖梃"上下文选项卡

扫一扫学习墙体洞口的绘制微课视频

任务 2.4.5　墙体洞口的创建

在 Revit 中，创建墙体洞口的方式有两种："编辑轮廓"命令和"洞口"（墙）命令。

1."编辑轮廓"命令

将视图切换至"南立面"，选择想要进行修改的墙体，单击"编辑轮廓"命令，打开

"修改|墙>编辑轮廓"上下文选项卡。下面在墙上绘制一个圆形的洞口，首先利用"参照平面"命令确定洞口的中心位置，选择"建筑"选项卡→"工作平面"面板→"工作平面"命令，打开"放置 参照平面"上下文选项卡，单击"拾取线"命令，将选项栏中的"偏移量"修改为 4000.0，如图 2-56 所示。选择墙的左边线，保证虚线在墙的中心位置，单击鼠标左键，绘制垂直方向参照平面，如图 2-57 所示。再将"偏移量"修改为 2000.0，选择墙的下边线，保证虚线在墙的中心位置，单击鼠标左键，绘制水平方向参照平面，如图 2-58 所示。

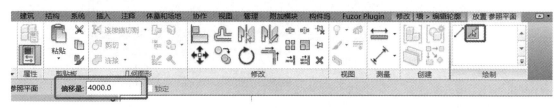

图 2-56　参照平面设置

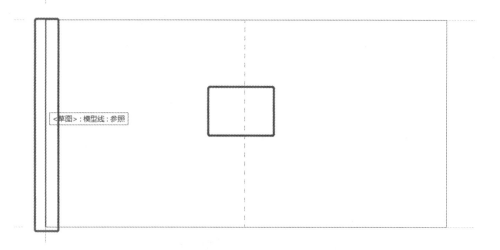

图 2-57　绘制垂直方向参照平面

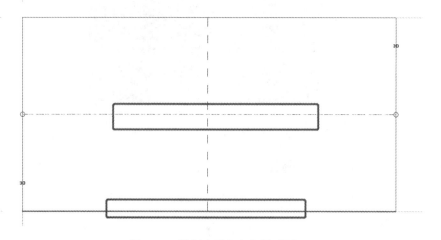

图 2-58　绘制水平方向参照平面

在"修改|墙>编辑轮廓"上下文选项卡中选择"绘制"面板→"圆形"命令，然后在两个参照平面的交点处单击，以确定"圆形"中心，输入"1000.0"确定圆形洞口的半径，绘制完成后单击"完成编辑模式"按钮，如图 2-59 所示。切换至三维视图进行查看，效果如图 2-60 所示。

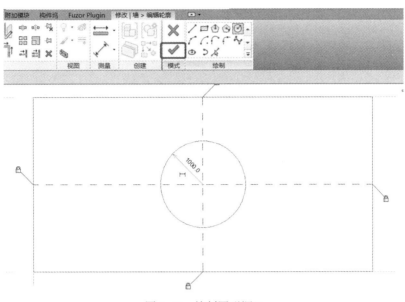

图 2-59　绘制圆形洞口

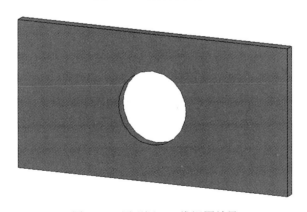

图 2-60　圆形洞口三维视图效果

2."洞口"（墙）命令

在墙上创建洞口时，可以在直墙或弧形墙上绘制一个矩形洞口，如图 2-61 所示（对于墙，使用该命令只能创建矩形洞口，不能创建圆形或多边形洞口）。

实操训练 3　绘制墙体

（1）绘制图 2-62 所示的墙体，墙体类型、高度、厚度及长度自定义，材质为灰色普通砖，然后参照标注尺寸在墙体上开一个拱门洞，创建完成后以"拱门墙"为文件名进行保存。

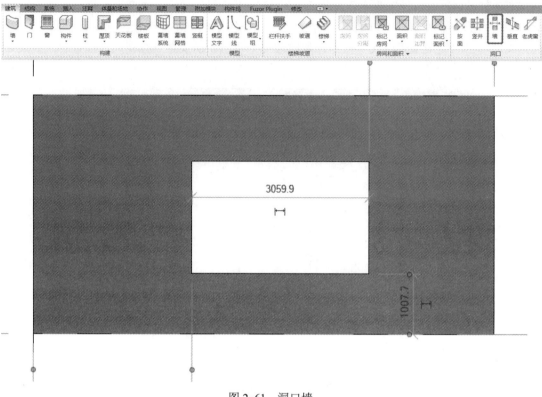

图 2-61　洞口墙

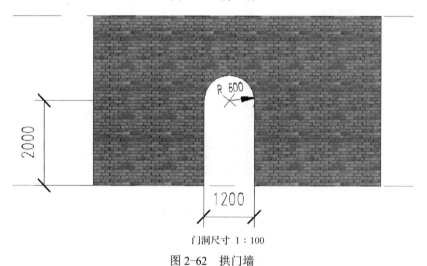

门洞尺寸 1:100

图 2-62　拱门墙

（2）根据图 2-63 和图 2-64 所示的北立面图和东立面图，创建玻璃幕墙及其水平竖梃模型，完成后将模型文件以"幕墙"为文件名进行保存。

（3）在任务实操 2.3.2"教学楼柱子"的基础上完成以下任务，按照图 2-65 所示绘制墙体，外墙、内墙的厚度均为 220 mm，墙体底标高为-0.60 m，顶标高为 4.5 m，完成后将模型文件以"教学楼墙体"为文件名进行保存。

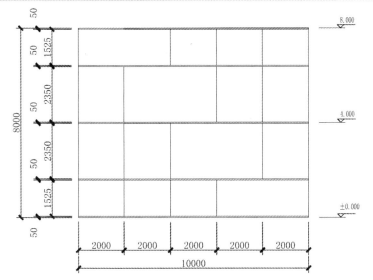

北立面图 1:100

图 2-63 幕墙北立面图

东立面图 1:100

图 2-64 幕墙东立面图

首层平面图 1:250

图 2-65 首层平面图

任务 2.5　门窗

扫一扫学习
门窗的绘制
微课视频

任务 2.5.1　门的创建

使用"门""窗"工具可以在建筑模型的墙中放置门窗。洞口将自动剪切墙以容纳门窗。注意：门、窗必须放置在墙体上，否则不能绘制。

（1）选择"建筑"选项卡→"构建"面板→"门"命令，如图 2-66 所示。在"属性"选项板中单击"编辑类型"按钮，打开"类型属性"对话框，单击"载入"按钮，可将需要的类型载入，如图 2-67 所示。

图 2-66　选择"门"命令

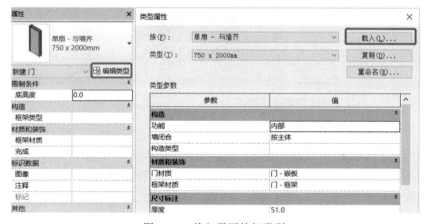

图 2-67　载入需要的门类型

（2）在"类型属性"对话框中单击"复制"按钮，在弹出的对话框中将"名称"修改为"M0921"，然后单击"确定"按钮，如图 2-68 所示。返回"类型属性"对话框，将"高度"改为 2100.0，将"宽度"改为 900.0，如图 2-69 所示。单击"确定"按钮完成修改。

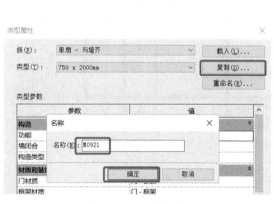

图 2-68　复制门类型

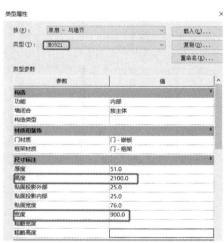

图 2-69　修改门参数

（3）在"属性"选项板中将门的底高度修改为 0，然后选择要放置门的墙，在放置前可使用 Tab 键更改门的开口方向，单击以确认放置门，门的开口方向也可在放置门后单击"翻转"符号进行翻转，如图 2-70 所示。绘制完成后可在三维视图中进行查看，如图 2-71 所示。

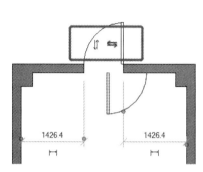

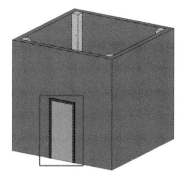

图 2-70　门翻转符号　　　　　　　　　图 2-71　门三维视图效果

（4）在放置门时，选择"修改|放置 门"上下文选项卡→"标记"面板→"在放置时进行标记"命令（如图 2-72 所示）后再放置门，门上就会显示相应标记，如图 2-73 所示。门的"类型标记"可以在"类型属性"对话框中进行修改，如图 2-74 所示。

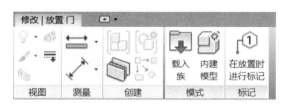

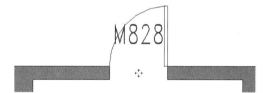

图 2-72　"修改|放置 门"上下文选项卡　　　　图 2-73　显示门标记

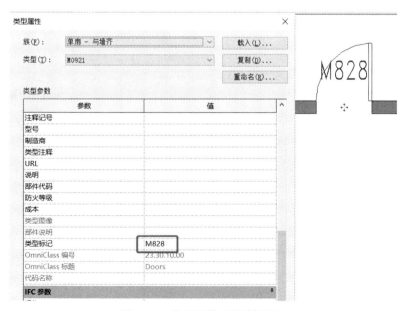

图 2-74　修改门的"类型标记"

任务 2.5.2　窗的创建

（1）选择"建筑"选项卡→"构建"面板→"窗"命令，在"属性"选项板中单击"编辑类型"按钮，在打开的"类型属性"对话框中单击"载入"按钮，载入需要的窗类型，如图 2-75 所示。

图 2-75　载入需要的窗类型

（2）在"类型属性"对话框中单击"复制"按钮，在打开的对话框中将"名称"修改为"C0912"，单击"确定"按钮。返回"类型属性"对话框，将"尺寸标注"中的"高度"设置为"1500.0"，将"宽度"和"默认窗台高度"均设置为"900"，如图 2-76 所示，完成后单击"确定"按钮。

也可以在"属性"选项板的实例属性中修改窗的底高度，如图 2-77 所示。也就是说，在软件中，窗的底高度可以作为类型属性，也可以作为实例属性。

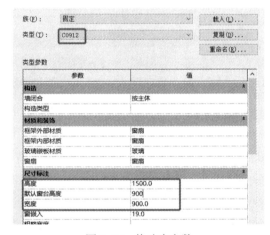

图 2-76　修改窗参数

（3）在绘图区单击鼠标即可放置窗，绘制完成后，可在三维视图中进行查看，如图 2-78 所示。修改窗的"类型标记"的操作与修改门的"类型标记"的操作一致。

图 2-77　修改窗的底高度

图 2-78　窗三维视图效果

任务 2.5.3　门窗嵌板的创建

正常的门、窗是无法被放置到玻璃嵌板的幕墙中的。幕墙绘制完成后，用户可以为其添加门窗嵌板。

（1）将鼠标指针移至需要放置门和窗的嵌板边缘线处，在预选状态下按 Tab 键进行循环选择，直到选中该嵌板，单击鼠标左键进行选择，自动切换至"修改|幕墙嵌板"上下文选项卡。

（2）选中嵌板后，在"属性"选项板中单击"编辑类型"按钮，在打开的对话框中单击"载入"按钮，在打开的选择界面中依次单击"建筑"→"幕墙"→"门窗嵌板"，选中"门嵌板 50-70 单嵌板铝门"，将其载入项目中，可在"类型属性"对话框的"类型"下拉列表中选择门嵌板类型，如图 2-79 所示。放置完成后如图 2-80 所示。

图 2-79　选择门嵌板类型

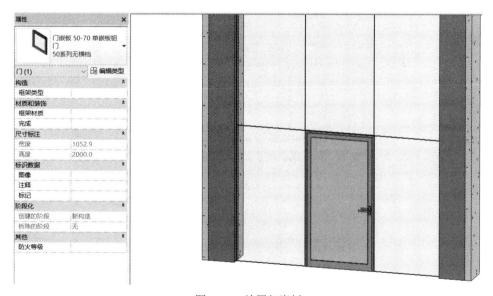

图 2-80　放置门嵌板

实操训练 4　创建门窗

在实操训练 3 第（3）部分"教学楼墙体"文件的基础上，参考图 2-81 放置门和窗，窗底高度均为 800 mm，门底高度均为 0 mm，完成后将模型文件（如图 2-82 所示）以"教学楼门窗"为文件名进行保存。

表 2　窗明细表　　单位：mm

类型标记	宽度	高度
C1	3000	2000
C2	900	1800
C3	4500	2600

表 3　门明细表　　单位：mm

类型标记	宽度	高度
M1	900	2100
M2	1500	2400
M3	3600	2400
M4	1750	2100

图 2-81　窗和门的明细表

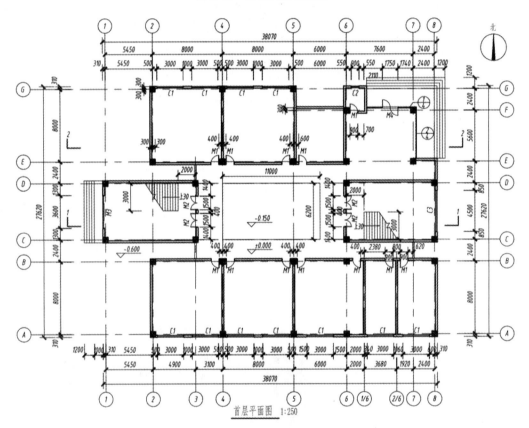

图 2-82　放置门和窗后的首层平面图

任务 2.6　楼板

任务 2.6.1　楼板的创建

1. 楼板

在实际的工程项目中，并不存在建筑楼板，其实是在结构楼板上覆盖装饰面层。但是在按照"建筑"和"结构"专业分别创建 BIM 模型时，就会产生将"楼板"归属到"建筑"模型还是归属到"结构"模型的问题。通常情况下，为了专业模型的完整性，将楼板分为建筑楼板和结构楼板两部分来创建。建筑楼板仅创建楼板装饰面层部分，被放在"建筑"专业模型中。结构楼板作为受力构件，被放在"结构"专业模型中。本书以结构楼板为例进行讲解。

选择"结构"选项卡→"构建"面板→"楼板"下拉按钮→"楼板：结构"命令，如图 2-83 所示。软件自动切换至"修改|创建楼层边界"上下文选项卡，如图 2-84 所示。可在"属性"选项板和"类型属性"对话框中设置楼板参数，设置方法与其他构件的参数设置方法相同，如图 2-85 所示。在创建楼板的时候要注意，不同标高位置的楼板要分开绘制。绘制楼板的方式有直线、矩形、拾取线等多种方式。注意：楼板边界轮廓必须是闭合的环，楼板轮廓可以有一个或多个，但不得出现开放、交叉或重叠的情况。楼板绘制完成之后，在"修改|创建楼层边界"上下文选项卡中单击"完成编辑模式"按钮即可完成绘制，如图 2-86 所示。

图 2-83　选择"楼板：结构"命令

图 2-84　"修改|创建楼层边界"上下文选项卡

图 2-85　设置楼板参数

图 2-86　楼板绘制完成

2. 楼板边

楼板边用于构造楼板水平边缘的形状。选择"建筑"选项卡→"构建"面板→"楼板"下拉按钮→"楼板：楼板边"命令，如图 2-87 所示。在楼板边的"类型属性"对话框中可以选择楼板边缘的形状轮廓，如图 2-88 所示。楼板边缘轮廓可通过轮廓族载入（若没有适合的族，则新建轮廓族并绘制自己需要的轮廓）。单击楼板边缘或模型线即可添加楼板边轮廓，如图 2-89 所示。

图 2-87　选择"楼板：楼板边"命令

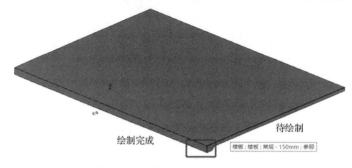

图 2-88　设置楼板边属性

图 2-89　楼板边绘制完成的效果

任务 2.6.2　坡度箭头的创建

关于斜板的绘制，Revit 提供了两种方式："坡度箭头"和"修改子图元"。下面使用这两种方式创建斜板。

在绘制楼板时，可以在"修改|楼板>编辑边界"上下文选项卡中选择"坡度箭头"命令为所绘制的楼板定义坡度，如图 2-90 所示。选择楼板草图

图 2-90　选择"坡度箭头"命令

的一条边作为坡度箭头的起始点，在另一点单击完成坡度箭头的添加，如图 2-91 所示。可以指定坡度箭头头尾的高度，也可以输入坡度值，如图 2-92 所示。单击"完成编辑模式"按钮完成绘制，如图 2-93 所示。

注意：坡度箭头的尾部必须位于一条定义边界的绘制线上。

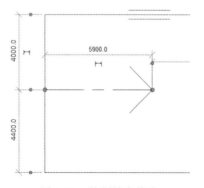

图 2-91　绘制坡度箭头

图 2-92　设置坡度值

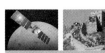

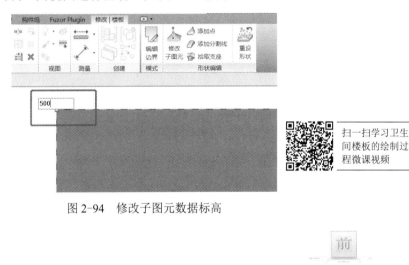

图 2-93　坡度楼板三维视图效果

任务 2.6.3　子图元的修改

对于斜板或车库坡道处的楼板，以及有地漏的楼板等，可以通过"修改子图元"命令实现具体操作。选中创建好的非斜板（没有使用过"坡度箭头"命令的楼板），选择"修改|楼板"上下文选项卡→"形状编辑"面板→"修改子图元"命令，绘图区域中的楼板变为可修改状态，边缘交点处的数据标高可以直接输入数值进行修改，如图 2-94 所示。修改完成后可切换至三维视图或立面视图进行查看，如图 2-95 所示。

扫一扫学习卫生间楼板的绘制过程微课视频

图 2-94　修改子图元数据标高

图 2-95　修改子图元标高后的效果

对于有地漏的楼板，可以通过使用"添加点"命令进行创建。选中要修改的楼板，再选择"添加点"命令，如图 2-96 所示。单击新添加点并修改其标高即可。

注意：添加点后，再次选择"修改子图元"命令才可对点进行编辑。

扫一扫学习楼板的绘制微课视频

实操训练 5　绘制楼板

根据图 2-97 中给定的尺寸及详图大样新建楼板，顶部所在标高为±0000，命名为"卫生间楼板"，构造层保持不变，水泥砂浆层进行放坡并创建洞口，完成后将模型以"楼板"为文件名进行保存。

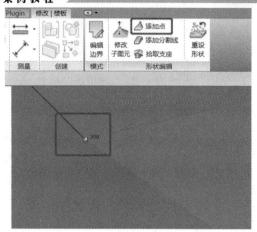

图 2-96　选择"添加点"命令

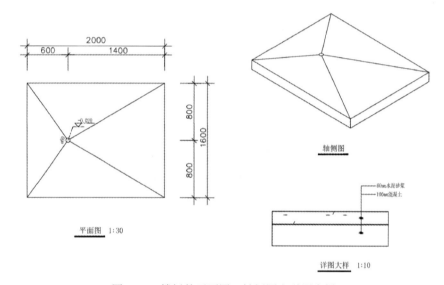

图 2-97　楼板的平面图、轴侧图和详图大样

任务 2.7　天花板

创建天花板时，选择"建筑"选项卡→"构建"面板→"天花板"命令，如图 2-98 所示。

Revit 为创建天花板提供了两种绘制方式："绘制天花板"命令和"自动创建天花板"命令，如图 2-99 所示。

图 2-98　选择"天花板"命令

图 2-99　天花板绘制方式

1. 绘制天花板

选择"绘制天花板"命令，单击"绘制"面板中的"边界线"命令，在绘图区域绘制轮廓，如图 2-100 所示。天花板的绘制方式与楼板的绘制方式相同。注意，天花板需要在"属性"选项板中调整其正确高度，如图 2-101 所示。单击"完成编辑模式"按钮，完成天花板的绘制。

图 2-100　绘制轮廓

图 2-101　天花板高度设置

2. 自动创建天花板

在"属性"选项板的"类型"下拉列表中选择天花板的类型，然后选择"自动创建天花板"命令，在以墙为界限的区域创建天花板，如图 2-102 所示。

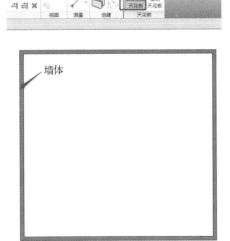

图 2-102　创建天花板

实操训练6　创建天花板

在实操训练 4 "教学楼门窗"文件的基础上绘制天花板，天花板顶标高为 4 m，完成后将模型以"教学楼天花板"为名进行保存，如图 2-103 所示。

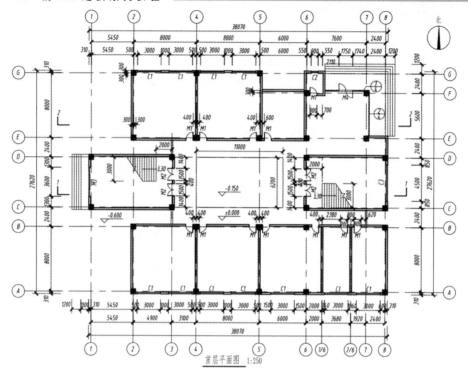

图 2-103　绘制天花板

任务 2.8　屋顶

Revit 中有两个创建屋顶的命令："迹线屋顶"命令和"拉伸屋顶"命令。下面对这两个命令的绘制方式进行讲解。

任务 2.8.1　迹线屋顶的创建

选择"建筑"选项卡→"构建"面板→"屋顶"下拉按钮→"迹线屋顶"命令，如图 2-104 所示。如果在平面视图的非顶层视图中选择该命令，则会弹出如图 2-105 所示的提示对话框。想在所提示的视图中绘制屋顶，单击"是"按钮，反之单击"否"按钮。例如，项目共有两根标高，即标高 1 与标高 2，屋顶一般在建筑物最高处，如果在标高 1 中选择"迹线屋顶"命令，则会弹出如图 2-105 所示的提示对话框。

图 2-104　选择"迹线屋顶"命令

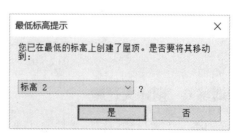

图 2-105　提示对话框

在"属性"选项板中单击"编辑类型"按钮后，在弹出的对话框中可以进行复制和编辑操作。将"类型"设置为"屋顶-200 mm"，然后单击"编辑"按钮，将"厚度"设置为"200"，将"材质"设置为"瓦片-筒瓦"，如图 2-106 所示。完成后单击"确定"按钮。

在"修改|创建屋顶迹线"上下文选项卡中选择"矩形"命令，在选项栏中勾选"定义坡度"复选框，在"属性"选项板中修改坡度，如图 2-107 所示。在绘图区域绘制边长为 5000 mm 的正方形，如图 2-108 所示。单击"完成编辑模式"按钮完成绘制，在三维视图中可查看模型效果，如图 2-109 所示。

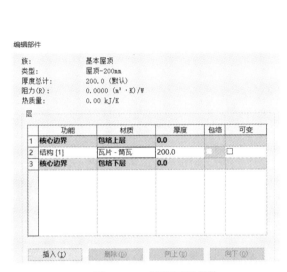

图 2-106 设置屋顶参数

图 2-107 修改坡度

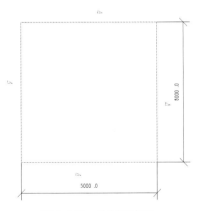

图 2-108 绘制正方形

图 2-109 迹线屋顶三维视图效果

切换至平面视图，选中创建好的迹线屋顶，软件自动切换至"修改|屋顶"上下文选项卡，选择"模式"面板→"编辑迹线"命令，可以对屋顶进行修改。按住 Ctrl 键，用鼠标分别选择两条水平线，取消选择选项栏中的"定义坡度"复选框，此时被选中的两条水平线旁边将不会出现三角符号，如图 2-110 所示。单击"完成编辑模式"按钮，切换至三维视图，可以看到四面放坡屋顶已被修改为两面放坡屋顶，如图 2-111 所示。

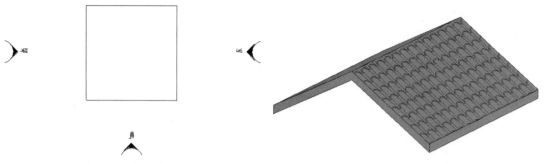

图 2-110　屋顶水平线　　　　　　图 2-111　两面放坡迹线屋顶效果

注意：

（1）为屋顶绘制或拾取一个闭合环。

（2）指定坡度定义线。要修改某一条线的坡度定义，可以选择该线，在"属性"选项板中选择"定义屋顶坡度"选项，然后修改坡度值即可。

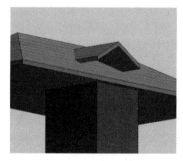

实操训练 7　绘制老虎窗

在 Revit 中新建一个放坡屋顶和一个老虎窗屋顶，创建这两个屋顶使用常规方法，即迹线屋顶或拉伸屋顶，如图 2-112 所示。

图 2-112　绘制两个屋顶

选中创建的墙体，通过"附着"命令将墙体顶部附着到老虎窗小屋顶下，如图 2-113 所示。

扫一扫学习绘制老虎窗的微课视频

修改前　　　　　　　　　　修改后

图 2-113　墙体附着

连接老虎窗与主屋顶，注意使用的连接工具是"连接/取消连接屋顶"工具，而非常规的"连接"工具。先选择屋顶端点处要连接的一条边，也就是老虎窗伸入到主屋顶的一条边，然后在另一个屋顶或墙上为第一个要连接的屋顶选择面，也就是老虎窗一侧的主屋顶

表面，老虎窗即可与主屋顶连接，如图 2-114 所示。

在主屋顶上老虎窗的位置开洞。选择"建筑"选项卡→"洞口"面板→"老虎窗"命令，选择要被老虎窗洞口剪切的屋顶，也就是面向老虎窗的主屋顶面，接着依次选择老虎窗屋顶、墙的侧面与屋顶连接面，使用"修剪"命令，创建闭合的老虎窗的边界，如图 2-115 所示。编辑完成后，即完成在主屋顶上老虎窗位置开洞。窗体的绘制不再重复讲解。

图 2-114　连接工具及老虎窗与主屋顶连接

图 2-115　老虎窗屋顶洞口剪切

任务 2.8.2　玻璃斜窗的创建

"玻璃斜窗"是"迹线屋顶"的一种，选择"建筑"选项卡→"构建"面板→"屋顶"下拉按钮→"迹线屋顶"命令，在"属性"选项板的"类型"下拉列表中选择"玻璃斜窗"，单击"编辑类型"按钮，在打开的"类型属性"对话框中可以对"玻璃斜窗"的网格及竖梃进行编辑和设置。"玻璃斜窗"与"迹线屋顶"的绘制方式一致，不再赘述，绘制完成后的效果如图 2-116 所示（本图为未添加任何网格及竖梃的呈现效果）。

> 扫一扫学习玻璃斜窗、拉伸屋顶的绘制微课视频

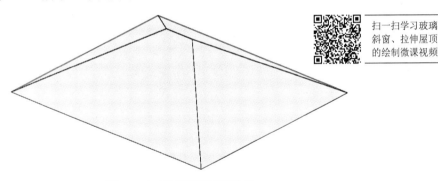

图 2-116　玻璃斜窗绘制效果

任务 2.8.3　拉伸屋顶的绘制

"拉伸屋顶"命令用来绘制一些不规则形状的屋顶，通过对绘制的屋顶的某一个轮廓进行拉伸，从而完成屋顶的绘制。

单击"建筑"选项卡→"构建"面板→"拉伸屋顶"命令，此时无论在哪个视图界面，都会打开如图 2-117 所示的对话框，单击"确定"按钮后，需要拾取一条水平的线或垂直的线，拾取水平的线后即切换至南立面图或北立面图，拾取垂直的线后即切换至东立面图或西立面图（"拉伸屋顶"命令仅可在立面图上进行绘制）。

绘制图 2-118 所示的墙体，墙体底标高为标高 1，顶高度为标高 2，绘制完成后选择"建筑"选项卡→"构建"面板→"拉伸屋顶"命令，弹出"工作平面"对话框，然后单击"确定"按钮。选择左侧垂直墙体的外边线，如图 2-119 所示，此时弹出图 2-120 所示的对

话框，选择"立面：西"后单击"打开视图"按钮（此处的选择应按所给的图纸进行调整，若图纸给出的是西立面图，则切换至西立面图进行绘制；若图纸给出的是东立面图，则切换至东立面图进行绘制），最后单击"确定"按钮。

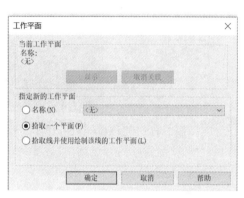

图 2-117 "工作平面"对话框

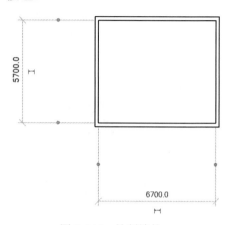

图 2-118 绘制墙体

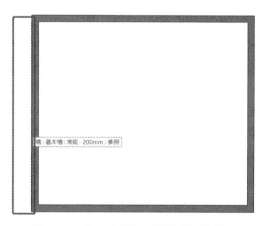

图 2-119 选择左侧垂直墙体的外边线

图 2-120 "转到视图"对话框

软件自动切换至"修改|创建拉伸屋顶轮廓"上下文选项卡，将"类型"设置为 200 mm 的屋顶，选择"绘制"面板→"起点-终点-半径弧"命令，依次单击左侧第一点、右侧第二点，然后向上进行拖曳，在半径为"2850 mm"、角度为"180°"时单击以确定绘制完成（如图 2-121 所示），按 Esc 键两次退出绘制命令。单击"完成编辑模式"按钮以确认完成轮廓的绘制，单击三维视图可以查看绘制完成后的模型效果，如图 2-122 所示。

可以看到，墙体并没有与屋顶相接，下面快速处理墙体与屋顶不相接的问题。选择想要与屋顶相接的墙，软件自动切换至"修改|墙"上下文选项卡，选择"修改墙"面板→"附着顶部/底部"命令，单击想要附着的屋顶，完成墙体附着。另一面墙体与屋顶的附着操作与上面的操作一致，也可以按住 Ctrl 键选择两道墙后统一进行附着。附着后的模型效果如图 2-123 所示。

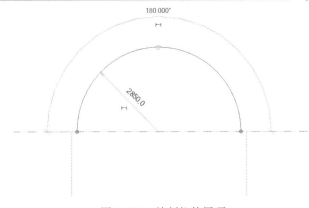

图 2-121　绘制拉伸屋顶

图 2-122　拉伸屋顶绘制效果

图 2-123　墙体和屋顶附着

实操训练 8　绘制迹线屋顶

按照图 2-124 所示的平面图和图 2-125～图 2-128 所示的立面图绘制屋顶，屋顶板厚均为 4 mm，其他建模所需尺寸可参考平面图和立面图自定。绘制完成后以"屋顶"为文件名进行保存。

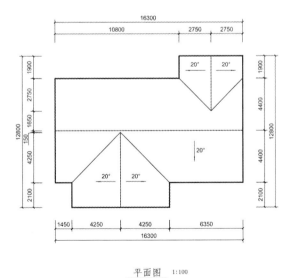

平面图　1:100

图 2-124　迹线屋顶平面图

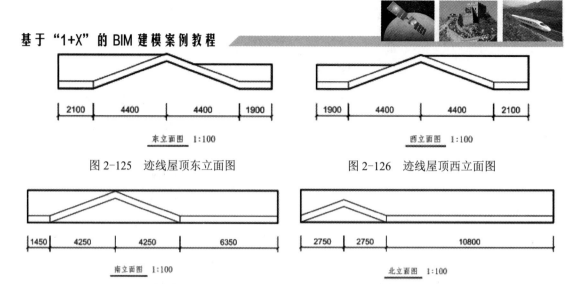

图 2-125　迹线屋顶东立面图　　　　　　图 2-126　迹线屋顶西立面图

图 2-127　迹线屋顶南立面图　　　　　　图 2-128　迹线屋顶北立面图

提示：使用"迹线屋顶"命令绘制轮廓即可。

任务 2.9　楼梯

扫一扫学习
楼梯的创建
微课视频

任务 2.9.1　楼梯的创建

使用"楼梯"工具，可以在项目中添加各式各样的楼梯。在绘制楼梯时，可以沿楼梯自动放置指定类型的扶手。与其他构件类似，在使用"楼梯"工具前应定义好楼梯类型属性中的各种参数。

（1）选择"建筑"选项卡→"楼梯坡道"面板→"楼梯"下拉按钮→"楼梯（按构件）"命令，在"属性"面板的"类型"下拉列表中选择"整体浇筑楼梯"，然后单击"编辑类型"按钮，打开"类型属性"对话框，默认"最大踢面高度"为 180、"最小踏板深度"为 280、"最小梯段宽度"为 1000，如图 2-129 所示。这 3 个数值为限制条件，并不是设置的具体数值，具体数值需要在"实例属性"中进行设置。各个参数所代表的位置如图 2-130 所示，单击"确定"按钮关闭对话框。

图 2-129　整体浇筑楼梯的"类型属性"对话框

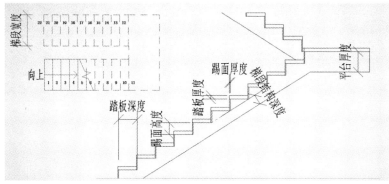

图 2-130　楼梯参数位置图解

（2）在"属性"面板中将"所需踢面数"设置为"24"，将"实际踏板深度"设置为"300"，将"选项栏"中的"实际梯段宽度"设置为"1200"。在绘制区域单击，以确定第一梯段的第一点（此点为楼梯的最低点），绘制长为"3300"的线（如图 2-131 所示），当显示"创建了 12 个踢面，剩余 12 个"时，单击以确定第一梯段的第二点。将鼠标指针向下水平移动至临时尺寸标注为"2400"处（如图 2-132 所示），单击以确定第二梯段的第一拐点，向左拖曳鼠标，绘制长为"3300"的线，在显示"创建了 12 个踢面，剩余 0 个"时，单击以确定第二梯段的第二点（如图 2-133 所示）。单击"完成编辑模式"按钮会弹出"警告"对话框，如图 2-134 所示，单击"关闭"按钮即可（每次绘制楼梯时都会有该提示）。切换至三维视图，软件会自动沿绘制的楼梯生成栏杆，完成的楼梯三维视图效果如图 2-135所示。

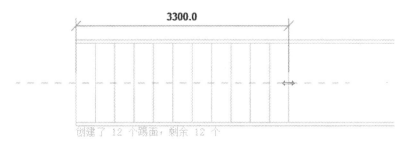

图 2-131　创建楼梯踢面

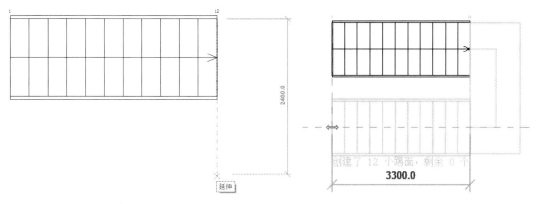

图 2-132　确定第二梯段的第一拐点　　　　图 2-133　确定第二梯段的第二点

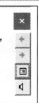

警告

扶栏是不连续的。扶栏的打断通常发生在转角锐利的过渡件处。要解决此问题，请尝试：
– 更改扶栏类型属性中的过渡件样式，或
– 修改过渡件处的栏杆扶手路径。

图 2-134 "警告"对话框

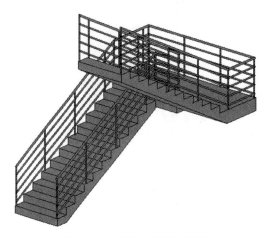

图 2-135 楼梯三维视图效果

任务 2.9.2 楼梯平台的修改

（1）在平面视图中选择刚刚绘制好的楼梯，选择"修改|楼梯"上下文选项卡→"编辑"面板→"编辑楼梯"命令，打开"修改|创建楼梯"上下文选项卡，选中楼梯平台，拖曳如图 2-136 所示的"造型操纵柄"，可对楼梯平台的宽度进行调整。

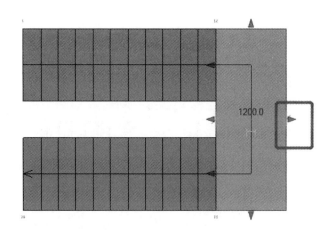

图 2-136 拖曳"造型操纵柄"

（2）再次选中楼梯平台，选择"修改|创建楼梯"上下文选项卡→"工具"面板→"转换"命令，如图 2-137 所示。弹出如图 2-138 所示的对话框，单击"关闭"按钮。

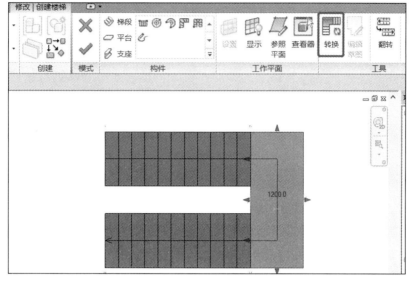

图 2-137　选择"转换"命令

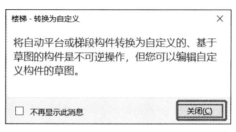

图 2-138　"楼梯-转换为自定义"对话框

（3）选择"修改|创建楼梯"上下文选项卡→"工具"面板→"编辑草图"命令，如图 2-139 所示。将图 2-140 所示的楼梯草图中的 3 条边删除，删除后的效果如图 2-141 所示。

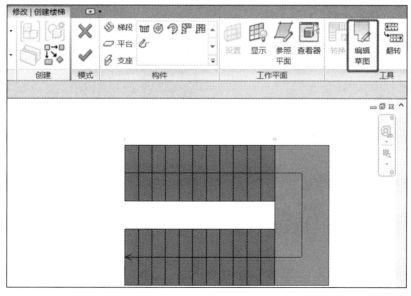

图 2-139　选择"编辑草图"命令

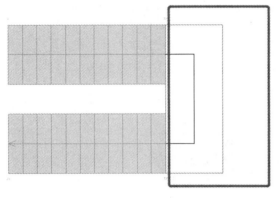

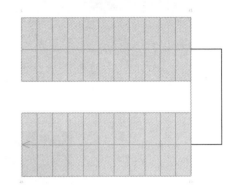

图 2-140　删除楼梯草图中的 3 条边　　　　图 2-141　删除楼梯草图中的 3 条边后的效果

（4）选择"修改|创建楼梯>绘制平台"上下文选项卡→"绘制"面板→"边界"及"起点-终点-半径弧"命令，如图 2-142 所示。绘制如图 2-143 所示的平台半径弧草图，单击"完成绘制编辑"按钮以完成平台草图的绘制，再单击"完成编辑模式"按钮以完成楼梯草图的绘制。切换至三维视图，平台修改后的三维效果如图 2-144 所示。

图 2-142　选择"起点-终点-半径弧"命令

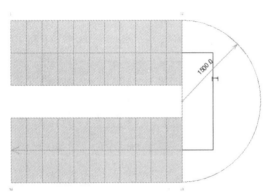

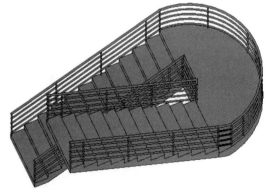

图 2-143　绘制平台半径弧草图　　　　图 2-144　平台修改后的三维效果

实操训练 9　绘制楼梯

在实操训练 4 模型文件"教学楼门窗"的基础上按照图 2-145 和图 2-146 绘制楼梯。绘制完成后以"教学楼楼梯"为文件名进行保存。

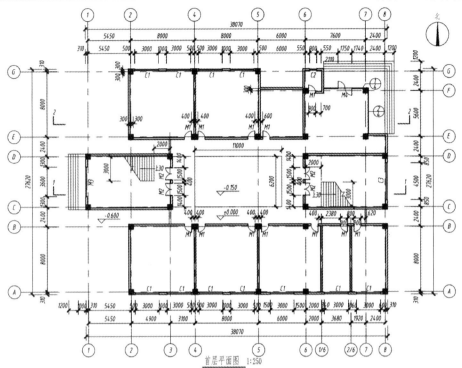

图 2-145 首层平面图

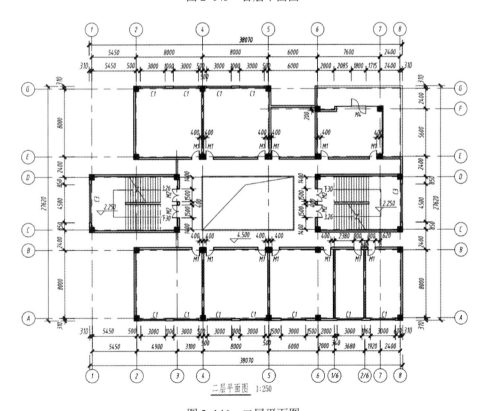

图 2-146 二层平面图

任务 2.10　零星构件

任务 2.10.1　栏杆扶手的创建

如果在创建楼梯或坡道时未创建栏杆扶手，则可以通过绘制添加栏杆扶手。

（1）选择"建筑"选项卡→"楼梯和坡道"面板→"栏杆扶手"下拉按钮→"绘制路径"命令，软件自动切换至"修改|创建栏杆扶手路径"上下文选项卡，在"属性"面板中单击"编辑类型"按钮，打开"类型属性"对话框，单击"复制"按钮，然后将栏杆名改为"教学楼栏杆"。

（2）单击"扶栏结构（非连续）"右侧的"编辑"按钮，如图 2-147 所示。在打开的对话框中将扶栏 2、扶栏 3、扶栏 4 选中后删除，将扶栏 1 的高度设置为"200.0"，将轮廓设置为"圆形扶手：40 mm"，将材质修改为"不锈钢"，如图 2-148 所示。完成后单击"确定"按钮。

图 2-147　编辑扶栏结构（非连续）

图 2-148　扶栏设置

项目 2 建筑模型设计

（3）单击"栏杆位置"右侧的"编辑"按钮，如图 2-149 所示。打开"编辑栏杆位置"对话框，将"主样式"中的"常规栏杆"的"栏杆族"列设置为"栏杆-圆形:20 mm"，将"相对前一栏杆的距离"列设置为"500"；将"支柱"中的"栏杆族"列均设置为"栏杆-圆形:20 mm"，如图 2-150 所示。完成后单击"确定"按钮。

图 2-149　编辑栏杆位置

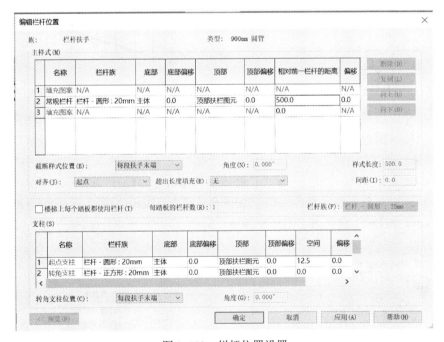

图 2-150　栏杆位置设置

（4）将"顶部扶栏"的"高度"设置为"1000"，这时"栏杆扶手高度"参数灰显且值自动被设置为"1000"，也就是整体栏杆的高度，如图 2-151 所示。设置完成后单击"确定"按钮。

65

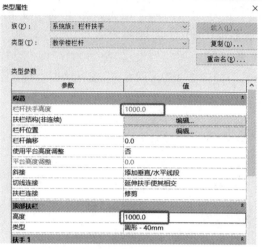

图 2-151 栏杆扶手高度设置

（5）选择"修改|栏杆扶手>绘制路径"上下文选项卡→"绘制"面板→"直线"命令，绘制一段长为 6000 的直线，如图 2-152 所示。绘制完成后单击"完成编辑模式"按钮，并切换至三维视图进行查看，效果如图 2-153 所示。

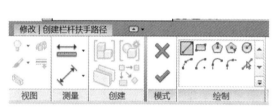

图 2-152 绘制直线

图 2-153 栏杆扶手三维视图效果

（6）绘制完成后发现，只有扶手的材质进行了设置，接下来修改顶部扶栏及栏杆扶手的材质。在"项目浏览器"→"族"上右击，在弹出的快捷菜单中选择"搜索"选项，在打开的"在项目浏览器中搜索"对话框的"查找"文本框中输入"栏杆扶手"，以找到"栏杆扶手"，如图 2-154 所示。选择"栏杆扶手"下方的"栏杆-圆形"→"20 mm"选项（如图 2-155 所示）并右击，在弹出的快捷菜单中选择"编辑类型"选项，弹出"类型属性"对话框，将"材质"设置为"不锈钢"。

图 2-154 搜索"栏杆扶手"

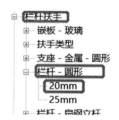

图 2-155 找到"栏杆-圆形"→"20 mm"选项

（7）在"项目浏览器"中选择"顶部扶栏类型"→"圆形-40 mm"选项并右击，在弹出的快捷菜单中选择"编辑类型"选项，弹出"类型属性"对话框，将材质设置为"不锈钢"，完成后单击"确定"按钮，此时可以看到修改后的栏杆扶手的三维效果，如图 2-156 所示。

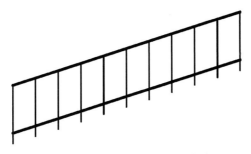

图 2-156　修改后的栏杆扶手三维效果

扫一扫学习坡道、台阶、散水的绘制微课视频

任务 2.10.2　坡道的创建

与创建楼梯类似，创建坡道可以定义直梯段、L 形梯段、U 形坡道和螺旋坡道，还可以通过修改草图来更改坡道的外边界。

选择"建筑"选项卡→"楼梯坡道"面板→"坡道"命令，如图 2-157 所示。

图 2-157　选择"坡道"命令

在"属性"选项板中单击"编辑类型"按钮，打开"类型属性"对话框，单击"复制"按钮，在打开的对话框中将坡道"名称"设置为"室外坡道"，如图 2-158 所示。单击"确定"按钮返回"类型属性"对话框，在"类型参数"中保持"造型"为"结构板"不变，将"坡道材质"设置为"水磨石"，如图 2-159 所示。完成后单击"确定"按钮。

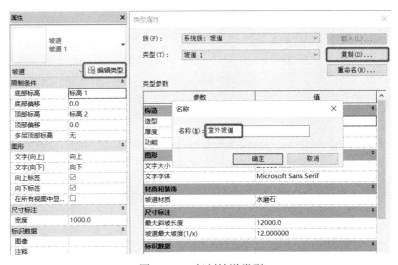

图 2-158　复制坡道类型

图 2-159　设置坡道参数

选择"修改|创建坡道草图"上下文选项卡→"绘制"面板→"梯段"及"直线"命令，如图 2-160 所示。绘制一段长为 3000 的直线段作为坡道，如图 2-161 所示。绘制完成后单击"完成编辑模式"按钮，此时会弹出"警告"对话框，如图 2-162 所示。单击右上方的"关闭"按钮即可（警告产生的原因："属性"选项板中坡道的高度为"标高 1-标高 2"，此时绘制的坡道长度乘以坡度系数后并没有达到标高 2 的高度，只要确认绘制正确，即可关闭"警告"对话框，不影响绘制）。切换至三维视图进行查看，如图 2-163 所示。

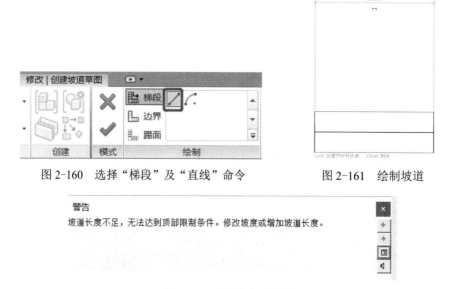

图 2-160　选择"梯段"及"直线"命令　　　图 2-161　绘制坡道

图 2-162　"警告"对话框

此时，绘制完成的坡道的结构类型，与楼梯的结构类型相似，而一般常见坡道为实体类型。选中已经绘制好的坡道，在"属性"选项板中单击"编辑类型"按钮，如图 2-164

所示。打开"类型属性"对话框，单击"造型"最右侧的下拉按钮，在弹出的下拉列表中
选择"实体"选项，如图 2-165 所示。完成后单击"确定"按钮，结构类型已被设置为实
体类型，坡道也被修改为常见坡道类型，如图 2-166 所示。

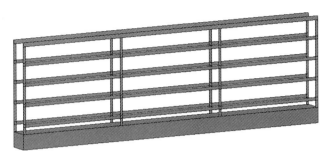

图 2-163　绘制完成后的坡道三维视图效果

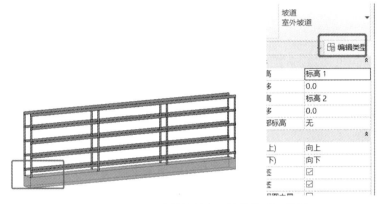

图 2-164　选择坡道并单击"编辑类型"按钮

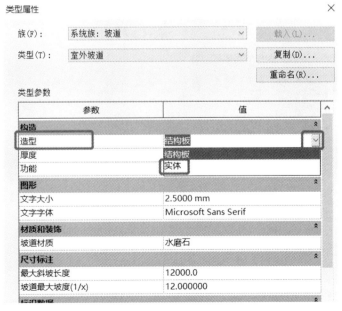

图 2-165　设置坡道参数

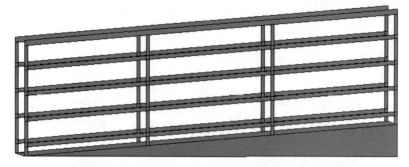

图 2-166　设置后的坡道效果

任务 2.10.3　台阶的创建

在 Revit 中，没有针对台阶的单独命令，不过台阶的创建方式有很多种，这里介绍一个简单、省时的操作方式，使用内建模型创建台阶。

选择"建筑"选项卡→"构建"面板→"构件"下拉按钮→"内建模型"命令，如图 2-167 所示。在弹出的"族类别和族参数"对话框中选择"常规模型"，然后单击"确定"按钮，如图 2-168 所示。在弹出的"名称"对话框中，将"名称"设置为"台阶"，如图 2-169 所示，完成后单击"确定"按钮。

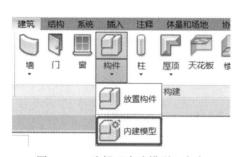

图 2-167　选择"内建模型"命令

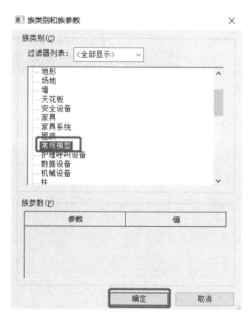

图 2-168　"族类别和族参数"对话框

图 2-169　命名台阶

台阶轮廓一般使用"拉伸"命令在立面图中进行绘制，如果有模型文件，可以通过平面视图拾取平面；如果没有模型文件，则需要绘制参照平面进行拾取。选择"创建"选项卡→"基准"面板→"参照平面"命令，再选择"绘制"面板→"直线"命令，绘制一个垂直的参照平面，如图 2-170 所示。

选择"创建"选项卡→"形状"面板→"拉伸"命令，再选择"修改|创建拉伸"上下文选项卡→"工作平面"面板→"设置"命令，在弹出的"工作平面"对话框中选择"拾取一个平面"单选按钮，然后单击"确定"按钮，如图 2-171 所示。选择绘制好的参照平面，在弹出的"转到视图"对话框中选择"立面：东"，完成后单击"确定"按钮。

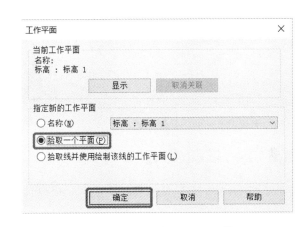

图 2-170　绘制参照平面　　　　　　　图 2-171　"工作平面"对话框

使用"直线"命令，绘制三阶高度为"100"、宽度为"200"的台阶轮廓，然后单击"完成编辑模式"按钮，如图 2-172 所示。在项目浏览器中依次双击"立面（建筑立面）"→"南"，如图 2-173 所示，将视图切换至南立面图。

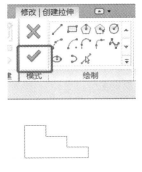　　　　　　

图 2-172　绘制台阶轮廓　　　　　　　图 2-173　视图切换

选择绘制好的台阶，在"属性"选项板中将"拉伸起点"设置为"-3000"，如图 2-174 所示。在"修改"选项卡→"在位编辑器"面板中单击"完成模型"按钮，如图 2-175 所示。将视图切换至三维视图，绘制完成后的效果如图 2-176 所示。

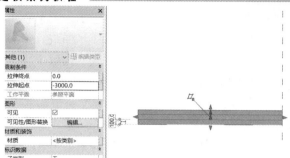

图 2-174　设置拉伸起点

图 2-175　选择"完成模型"命令　　　图 2-176　绘制完成后的台阶三维视图效果

任务 2.10.4　散水的创建

散水的创建方式与台阶的创建方式一致，可以使用"内建模型"中的"拉伸"命令或"放样"命令进行绘制。

选择"建筑"选项卡→"构建"面板→"构件"下拉按钮→"内建模型"命令，在弹出的"族类别和族参数"对话框中选择"常规模型"，单击"确定"按钮后，在弹出的"名称"对话框中，将"名称"设置为"散水"，完成后单击"确定"按钮。

散水轮廓一般使用"拉伸"命令在立面图中进行绘制，如果有模型文件，可以通过平面视图拾取平面；如果没有模型文件，则需要绘制参照平面进行拾取。选择"创建"选项卡→"基准"面板→"参照平面"命令，再选择"创建"选项卡→"形状"面板→"拉伸"命令，如图 2-177 所示。接下来选择"修改|创建拉伸"上下文选项卡→"工作平面"面板→"设置"命令，如图 2-178 所示。在弹出的"工作平面"对话框中选择"拾取一个平面"单选按钮，单击"确定"按钮，然后选择绘制好的参照平面，在弹出的"转到视图"对话框中选择"立面：东"，完成后单击"确定"按钮。

图 2-177　选择"拉伸"命令　　　　　　图 2-178　选择"设置"命令

使用"直线"命令绘制高度为"80"、宽度为"800"的散水，单击"完成编辑模式"按钮，如图 2-179 所示。在项目浏览器中依次双击"立面（建筑立面）"→"南"，将视图切换至南立面图。

选择绘制好的散水，在"属性"选项板中将"拉伸终点"设置为"3000"，如图 2-180所示。在"修改"选项卡→"在位编辑器"面板中单击"完成模型"按钮，然后将视图切换至三维视图，绘制完成后的三维视图效果如图 2-181 所示。

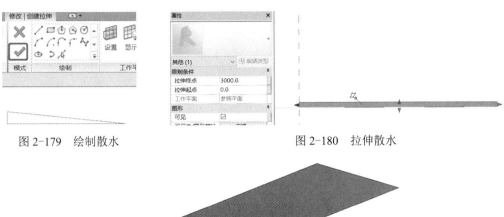

图 2-179　绘制散水　　　　　　　　　　　　　　图 2-180　拉伸散水

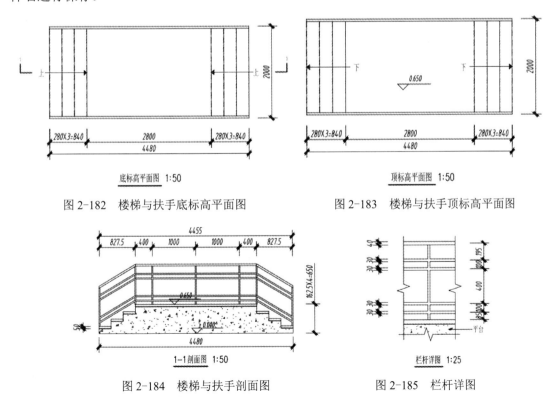

图 2-181　绘制完成后散水的三维视图效果

实操训练 10　绘制零星构件

根据图 2-182～图 2-185 创建楼梯与扶手，顶部扶手为直径 40 mm 的圆管，其余扶栏为直径 30 mm 的圆管，栏杆扶手的标注均为中心间距。完成后将模型以"楼梯扶手"为文件名进行保存。

图 2-182　楼梯与扶手底标高平面图　　　　　　　图 2-183　楼梯与扶手顶标高平面图

图 2-184　楼梯与扶手剖面图　　　　　　图 2-185　栏杆详图

任务 2.11 房间

任务 2.11.1 房间的创建

在实操训练 9 "教学楼楼梯"模型文件的基础上，进行以下操作：要求一层最少设置 5 个不同的房间，房间名称自定。

选择"建筑"选项卡→"房间和面积"面板→"房间"命令，如图 2-186 所示。在"属性"选项板的"类型"下拉列表中选择房间标记的类型，也可以单击"编辑类型"按钮，在打开的对话框中单击"复制"按钮复制房间，如图 2-187 所示。完成后在"类型"下拉列表中选择"标记_房间-无面积-方案-黑体-4-5 mm-0-8"，如图 2-188 所示。

图 2-186 选择"房间"命令

图 2-187 复制房间

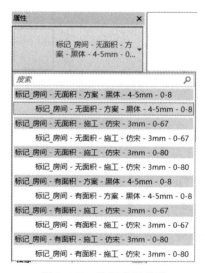

图 2-188 选择房间类型

将鼠标指针移至封闭的空间内（四周有墙体），在放置房间前可以在"属性"选项板中对房间名称进行修改，如图 2-189 所示。将房间名称修改为"厨房"后，在放置时房间名称即为"厨房"，如图 2-190 所示。注意，房间名称需要在放置之前进行修改，否则需要选中才可以修改。修改好名称后，在合适的位置单击即可放置房间。

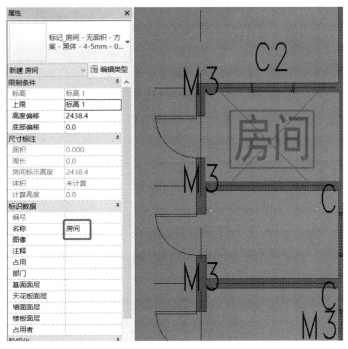

图 2-189　可修改房间名称

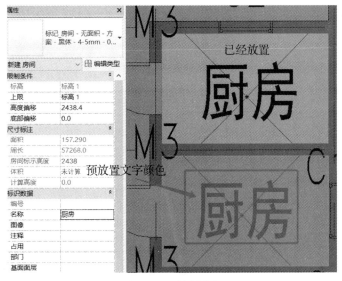

图 2-190　放置房间

注意：

（1）放置房间：使用"房间"工具在平面视图中创建房间。

（2）分隔房间：房间分隔线是房间边界。在房间内指定另一个房间时，分隔线十分有

用，如起居室中的就餐区，此时房间之间不需要墙。房间分隔线在平面视图和三维视图中可见。

（3）标记房间：可以对选定的房间进行标记（文字说明），注意房间和房间标记的区别。

（4）颜色方案：可以对房间的颜色填充图案进行编辑。

任务 2.11.2　房间标记的修改

在放置房间时，如果没有提前修改房间标记，则放置后可对标记进行修改。选择想要修改的标记，再次单击鼠标左键会出现文本框，输入新的标记，如"卫生间"，单击任意空白位置房间标记即可修改成功。

任务 2.11.3　房间颜色填充图例

房间放置完成后，可为房间创建颜色方案，并放置颜色填充图例。

创建好房间，若房间不封闭，可用"房间分隔"命令对房间进行封闭。

选择"建筑"选项卡→"房间和面积"面板中的下拉按钮→"颜色方案"命令，如图 2-191 所示。弹出"编辑颜色方案"对话框，将"类别"设置为"房间"，将"颜色"设置为"名称"，此时弹出提示对话框，单击"确定"按钮即可，如图 2-192 所示。

图 2-191　选择"颜色方案"命令

图 2-192　"编辑颜色方案"对话框和提示对话框

在"编辑颜色方案"对话框中，单击"颜色"列中的第 1 个文本框，如图 2-193 所示。弹出"颜色"对话框，可以选择颜色，单击"确定"按钮完成修改，如图 2-194 所示。此时"卫生间"的图示颜色已变为修改后的颜色，所有房间颜色修改完成后单击"确定"按钮，如图 2-195 所示。

在"属性"选项板的"类型"下拉列表中选择"楼层平面"选项，单击"颜色方案"后面的"无"，如图 2-196 所示。在弹出的"编辑颜色方案"对话框中，将"类别"设置为"房间"，并选择"方案 1"，然后单击"确定"按钮，如图 2-197 所示。此时房间颜色将显示在绘图界面上，如图 2-198 所示。

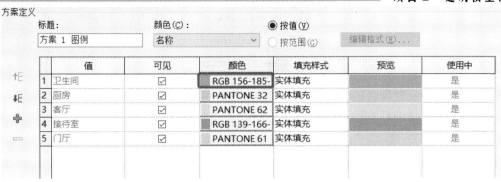

图 2-193　修改房间颜色

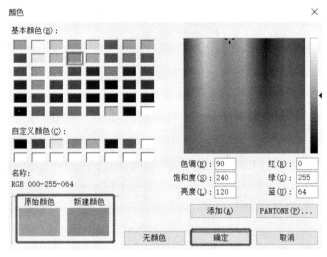

图 2-194　"颜色"对话框

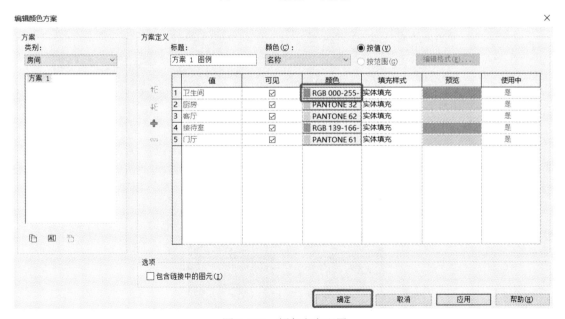

图 2-195　颜色方案配置

图 2-196　为楼层平面设置颜色

图 2-197　"编辑颜色方案"对话框

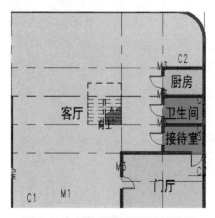

图 2-198　房间颜色设置后的效果

选择"注释"选项卡→"颜色填充"面板→"颜色填充图例"命令,如图 2-199 所示。将鼠标指针移至绘图界面任意空白处,单击以确定图例放置位置,如图 2-200 所示。

图 2-199   选择"颜色填充图例"命令

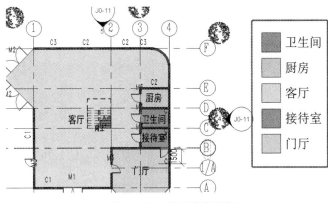

图 2-200   放置填充图例

实操训练 11   布置房间

按照图 2-201 所示对 "幼儿园"一层进行房间布置,要求房间名称一致且房间范围一致。

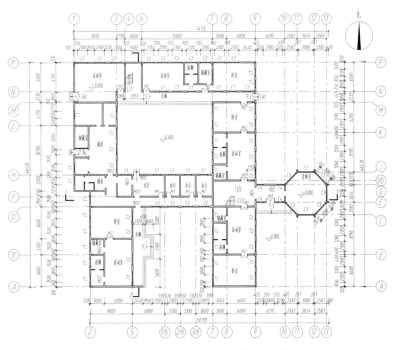

图 2-201   "幼儿园"一层房间布置

任务 2.12　场地设计

使用 Revit 提供的场地工具可以为项目创建三维地形模型、场地红线、建筑地坪等构件，完成建筑场地设计。

任务 2.12.1　地形表面的创建

地形表面是场地设计的基础。使用"地形表面"工具，可以为项目创建地形表面模型。将平面视图切换至"场地"，如图 2-202 所示。选择"体量和场地"选项卡→"场地建模"面板→"地形表面"命令，如图 2-203 所示。打开"修改|编辑表面"上下文选项卡，软件提供了 3 种编辑地形表面的工具，分别为"工具"面板中的"放置点"命令、"通过导入创建"下拉列表中的"选择导入实例"和"指定点文件"命令，如图 2-204 所示。在此仅讲解如何使用"放置点"命令对地形表面进行绘制。

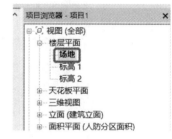

图 2-202　将视图切换至"场地"

图 2-203　选择"地形表面"命令

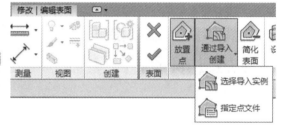

图 2-204　"修改|编辑表面"上下文选项卡

选择"放置点"命令，3 个及 3 个以上的点可以组成一个地形，如图 2-205 所示。随着不断地添加点，地形表面会越来越大，如图 2-206 所示。绘制完成后单击"完成表面"按钮，如图 2-207 所示。

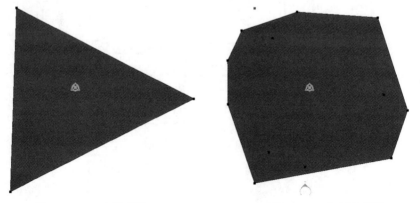

图 2-205　三点地形图　　　　　　　图 2-206　多点地形图

图 2-207　单击"完成表面"按钮

任务 2.12.2　建筑地坪的创建

创建地形表面后，可以沿建筑轮廓创建建筑地坪。在 Revit 中，建筑地坪的绘制方式与楼板的绘制方式类似。

选择"体量和场地"选项卡→"场地建模"面板→"建筑地坪"命令，如图 2-208 所示。在"属性"选项板中可对建筑地坪的类型、名称、厚度及结构进行设置，如图 2-209 所示。在"修改|创建建筑地坪边界"上下文选项卡中选择"拾取墙"命令，如图 2-210 所示，沿墙绘制建筑地坪边界，也可以使用"直线""矩形"等命令对没有墙体的部分进行绘制，绘制完成后单击"完成编辑模式"按钮。

图 2-208　选择"建筑地坪"命令

图 2-209　建筑地坪参数设置

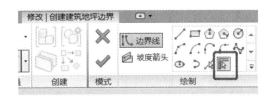

图 2-210　选择"拾取墙"命令

扫一扫看场地的创建微课视频

实操训练 12　创建场地

下载免费的电子教学课件，获取模型文件，为模型"幼儿园"设计场地，要求场地构件中植物不少于 4 棵。

项目 3 结构模型设计

任务 3.1 基础

Revit 提供了 3 种基础形式，分别是"条形""独立""板"，用于生成不同类型的基础。

任务 3.1.1 独立基础的创建

选择"结构"选项卡→"基础"面板→"独立"命令，如图 3-1 所示。若弹出如图 3-2 所示的提示对话框，则单击"是"按钮。弹出"载入族"对话框，依次打开"China"→"结构"→"基础"，选择"独立基础-三阶"，如图 3-3 所示。与其他构件一致，基础族被载入后，可在"属性"选项板中单击"编辑类型"按钮，在打开的对话框中对其类型、名称、尺寸等进行设置，如图 3-4 所示。选择正确位置，单击鼠标左键，即可放置独立基础，如图 3-5 所示。

图 3-1 选择"独立"命令

图 3-2 提示对话框

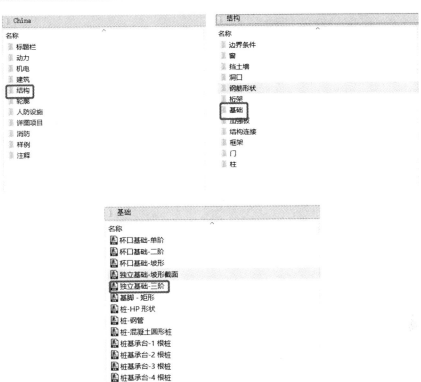

图 3-3　选取基础族

图 3-4　设置基础属性

图 3-5　放置独立基础

任务 3.1.2　条形基础的创建

选择"结构"选项卡→"基础"面板→"条形"命令，如图 3-6 所示。在"属性"选项板中单击"编辑类型"按钮，在打开的对话框中可以对其类型、名称、尺寸等进行设置。需注意，条形基础的"结构用途"有两种：挡土墙和基础，如图 3-7 所示。两种结构用途的参数有所不同，可根据需要自行选择。条形基础必须依附墙体，需创建好墙体后进行放置。例如，绘制一个长 5000mm、厚 300mm 的结构墙体，单击墙体放置条形基础，如图 3-8 所示。

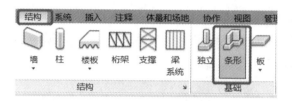

扫一扫学习条形基础的创建微课视频

图 3-6　选择"条形"命令

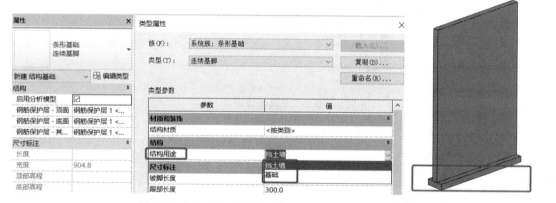

图 3-7　条形基础的结构用途

图 3-8　条形基础绘制后的效果

任务 3.1.3　板基础的创建

选择"结构"选项卡→"基础"面板→"板"下拉按钮→"结构基础：楼板"命令，如图 3-9 所示。在"属性"选项板中单击"编辑类型"按钮，在打开的对话框中可以对其类型、名称、厚度、结构等进行设置，如图 3-10 所示。楼板边的绘制与楼板的绘制并无不同，在此不再赘述。

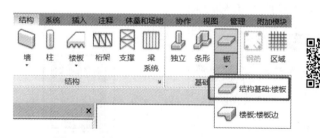

扫一扫学习板基础的创建微课视频

图 3-9　选择"结构基础：楼板"命令

图 3-10　设置类型属性

实操训练 13　绘制独立基础

（1）根据图 3-11 所示的图纸，建立模型轴网、基础。基础顶面标高为-0.5mm。

（2）基础尺寸为 400 mm×400 mm×300 mm，基础材质采用 C30 混凝土。

（3）将结构以"结构基础+姓名"为文件名进行保存，文件格式为 RVT。

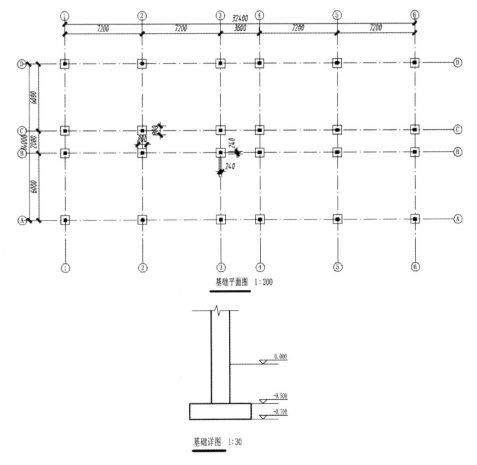

图 3-11　结构基础图纸

任务 3.2 结构梁与梁系统

任务 3.2.1 结构梁的绘制

扫一扫学习
结构梁的绘
制微课视频

选择"结构"选项卡→"结构"面板→"梁"命令，如图 3-12 所示。

在"属性"选项板中单击"编辑类型"按钮，打开"类型属性"对话框，单击"载入"按钮，在弹出的对话框中依次打开"结构"→"框架"→"混凝土"文件夹，如图 3-13 所示。选择"混凝土-矩形梁"族，在弹出的"指定类型"对话框中，单击"确定"按钮以确认载入。

图 3-12 选择"梁"命令

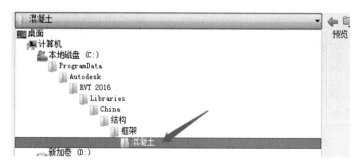

图 3-13 依次打开文件夹

选择"梁"命令，在"属性"选项板的"类型"下拉列表中选择"混凝土-矩形梁"，然后单击"编辑类型"按钮，打开"类型属性"对话框。

单击"复制"按钮，如图 3-14 所示。在打开的对话框中创建新的类别，并通过尺寸标注中的 b（宽）、h（高）对梁截面尺寸进行设置，如图 3-15 所示，设置好后单击"确定"按钮。

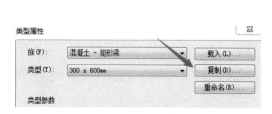

图 3-14 单击"复制"按钮

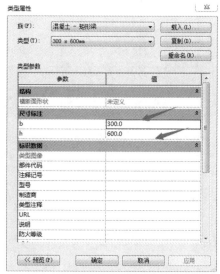

图 3-15 "类型属性"对话框

类型属性设置好后，需要对梁的标高与结构材质进行设置，如图 3-16 所示。

注意：

（1）"参照标高"为梁顶面参照条件。

（2）升降梁可通过 Z 轴偏移值进行设置。

设置完成后，鼠标指针变为十字光标形状，单击空白位置作为梁起点，此时鼠标指针为梁绘制状态，如图 3-17 所示。在梁终点位置再次单击，梁就绘制成功了，绘制后的效果如图 3-18 所示。

注意：

梁绘制后不显示，用户可按以下方法进行设置。

（1）检查过滤器（vv）中的结构框架是否被勾选。

（2）打开"属性"选项板，设置"视图范围"中的"视图深度"为"-梁高"，如梁高 500，则视图深度为-500。

图 3-16　设置梁的标高与结构材质

图 3-17　鼠标指针为梁绘制状态　　　　图 3-18　梁绘制后的效果

任务 3.2.2　梁系统的绘制

选择"结构"选项卡→"绘制"面板→"梁系统"命令，右上角弹出绘制状态栏，与绘制板轮廓一致，使用绘制状态栏中的"梁方向"命令选中对应边，即可调整方向，如图 3-19 所示。

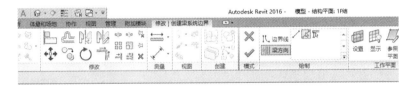

扫一扫学习梁系统的绘制微课视频

图 3-19　调整边的方向

在"属性"选项板中可以设置布局规则、固定间距、梁类型，具体设置和梁系统绘制后的效果如图 3-20 所示。

图 3-20　梁系统的"属性"选项板和梁系统绘制后的效果

实操训练 14　绘制结构框架

（1）根据图 3-21 所示的图纸建立模型轴网、标高，1～2 层的层高为 3.6 m。

（2）梁截面尺寸为 350 mm×150 mm，材质采用 C30 混凝土。

（3）将结构以"结构框架+姓名"为文件名进行保存，文件格式为 RVT。

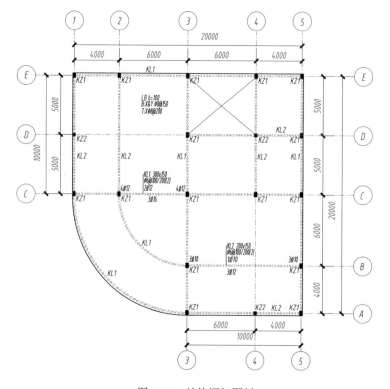

扫一扫学习
绘制结构框
架微课视频

图 3-21　结构框架图纸

任务 3.3　结构钢筋

扫一扫学习梁内钢筋的绘制微课视频

任务 3.3.1　梁内钢筋的绘制

在快速访问工具栏中选择"剖面"命令，如图 3-22 所示。对梁进行剖面绘制，如图 3-23 所示。右击剖面符号，切换到视图，界面会跳转到梁截面。

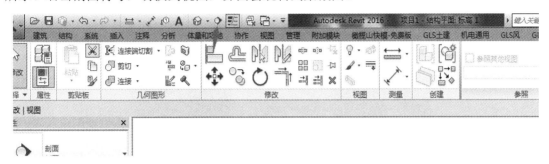

图 3-22　选择"剖面"命令

选中梁截面，在"属性"选项板的"类型"下拉列表中选择"钢筋"命令，弹出钢筋形状浏览器，如图 3-24 所示，根据图纸要求选择对应的钢筋。

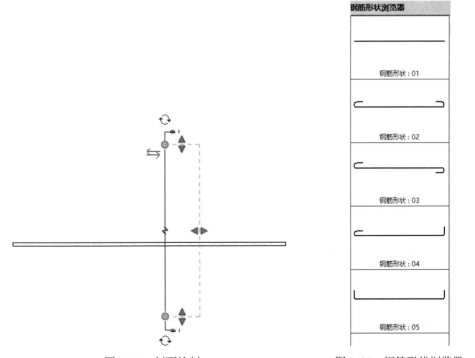

图 3-23　剖面绘制　　　　　　　　　图 3-24　钢筋形状浏览器

在"属性"选项板中设置弯钩尺寸、布局规则等，如图 3-25 所示。

选择对应的钢筋后，单击绘制区域中的梁截面，可通过"平行于工作平面""平行于保护层""垂直于保护层"3 种方式进行放置，如图 3-26 所示。

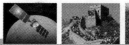

图 3-25　钢筋的"属性"选项板

图 3-26　钢筋放置方式

任务 3.3.2　板内钢筋的绘制

选择"结构"选项卡中的"区域"命令，在"属性"选项板中设置布局规则、额外的顶/底保护层、顶/底部主筋、分布筋的方向和间距等，如图 3-27 所示。

此时鼠标指针变为十字光标形状，选中结构楼板，弹出钢筋区域绘制栏，可以绘制钢筋区域，如图 3-28 所示。

扫一扫学习板内钢筋的绘制微课视频

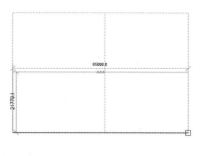

图 3-27　设置钢筋属性

图 3-28　绘制钢筋区域

实操训练 15　绘制钢筋

扫一扫学习
绘制钢筋微
课视频

（1）根据图 3-29 所示的图纸进行标注，建立一层梁配筋模型，保护层厚度统一为 25 mm，加密区长度为 1200 mm。

（2）创建钢筋明细表，统计钢筋类型、长度、数量。

（3）将结构以"结构钢筋+姓名"为文件名进行保存，文件格式为 RVT。

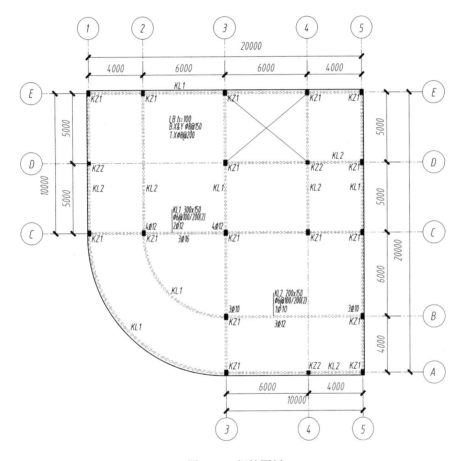

图 3-29　钢筋图纸

任务 3.4　钢结构

任务 3.4.1　桁架的绘制

扫一扫学习
桁架的绘制
微课视频

选择"结构"选项卡中的"桁架"命令，鼠标指针变为十字光标形状，在"属性"选项板中单击"编辑类型"按钮，在打开的对话框中可对上弦杆、竖向腹杆、斜腹杆中的构件进行设置，如图 3-30 所示。

桁架类型参数设置好后，单击空白绘图区域，确定起点和终点，即可完成绘制（与梁绘制方式一致），绘制后的效果如图 3-31 所示。

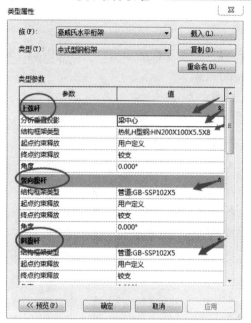

图 3-30　设置桁架类型参数

图 3-31　桁架绘制后的效果

扫一扫学习
支撑的绘制
微课视频

任务 3.4.2　支撑的绘制

选择"结构"选项卡中的"支撑"命令，绘制前需设置支撑的构建类别（梁的类型）。

在绘制支撑时需打开立面视图与平面视图（按 W+T 组合键），单击"视图最小化"按钮，如图 3-32 所示。关闭多余视图，只保留立面视图与平面视图，如图 3-33 所示。

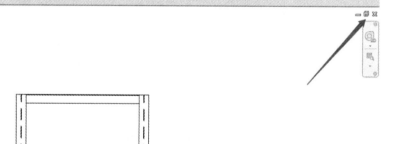

图 3-32　单击"视图最小化"按钮

在立面视图中找到钢柱与钢梁的对角线，绘制支撑（与梁绘制方式相同），绘制完成后的效果如图 3-34 所示。

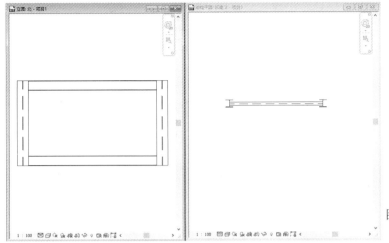

图 3-33 双视图显示

图 3-34 支撑绘制完成后的效果

扫一扫学习
绘制钢结构
微课视频 1

扫一扫学习
绘制钢结构
微课视频 2

实操训练 16 绘制钢结构

1. 钢网架

（1）根据图 3-35 所示的尺寸，建立钢网架模型并创建钢材用量明细表。其中，球铰为 200 mm，钢材强度为 HRB435；杆件尺寸统一为外径 80 mm、内径 70 mm，钢材强度为 HRB335。

（2）将结构以"钢网架+姓名"为文件名进行保存，文件格式为 RFA。

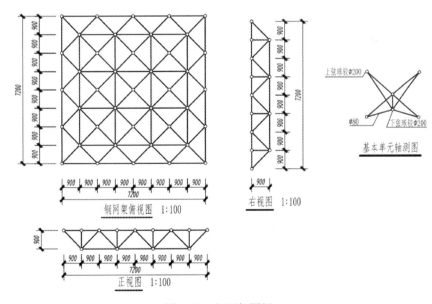

图 3-35 钢网架图纸

2. 工字钢节点

（1）根据图 3-36 所示的尺寸，创建工字钢及其节点模型。工字钢的长度及其未标注尺寸取合理值即可，钢材强度为 Q235。

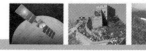

（2）将结构以"工字钢节点+姓名"为文件名进行保存，文件格式为 RFA。

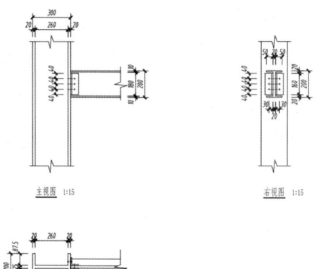

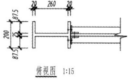

图 3-36　工字钢图纸

项目 **4**

设备构件创建

任务 4.1　系统

在绘制机电各专业管道前，需了解项目的系统信息，无论是通风系统，还是管道系统，都需要创建相关的系统类型。

新建项目，选择"机械样板"选项，如图 4-1 所示。在界面右侧的项目浏览器中单击"族"前面的加号，再单击"风管系统"前面的加号，这样便可以看到 Revit 提供的 3 种风管系统，如图 4-2 所示。

图 4-1　选择"机械样板"选项　　　　图 4-2　3 种风管系统

用户可以根据实际情况更改或新建软件所提供的风管系统。例如，在"送风"选项上右击，在弹出的快捷菜单中选择"复制"选项，复制出"送风 2"，如图 4-3 所示。在"送风 2"上右击，在弹出的快捷菜单中选择"重命名"选项，将其更改为"新风"，如图 4-4 所示。在"新风"上右击，在弹出的快捷菜单中选择"类型属性"选项，在弹出的"类型属性"对话框中，可以修改风管系统的图形、材质等，也可以在此对风管系统进行复制，如图 4-5 所示。

注意：管道系统的设置操作与风管系统的设置操作一致。

图 4-3　复制出"送风 2"　　　　图 4-4　重命名风管系统

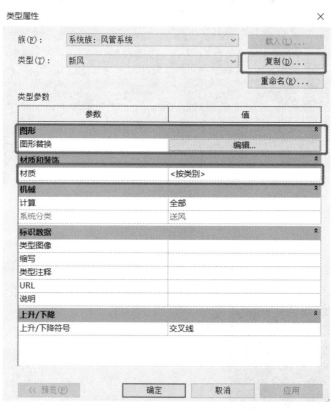

图 4-5　设置风管系统属性

任务 4.2　风管

扫一扫学习
风管的创建
微课视频 1

风管是进行空气输送和分布的管道系统。按截面形状，风管可分为圆形风管、矩形风管、扁圆风管等；按材质，风管可分为金属风管、复合风管、高分子风管。

创建风管时，选择"系统"选项卡→"HVAC"面板→"风管"命令，如图 4-6 所示。

在"属性"选项板中单击"编辑类型"按钮，在打开的对话框中可以对类型、布管系统配置等进行设置，如图 4-7 所示。单击"复制"按钮，在打开的对话框的"名称"文本框中输入"新风风管"，完成后单击"确定"按钮。

图 4-6　选择风管命令

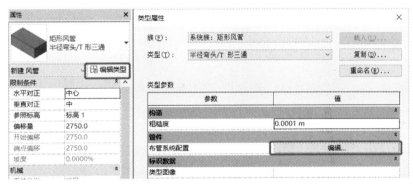

图 4-7　设置风管属性

在绘制风管前，可以在"属性"选项板中将"新风风管"的"系统类型"设置为"新风"，如图 4-8 所示。

图 4-8　设置风管的系统类型

机电专业绘制与建筑结构专业绘制有所不同，不需要在"类型属性"对话框中设置尺寸

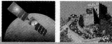

及偏移量，在绘制前，在选项栏中对其宽度、高度和偏移量进行设置即可，如图 4-9 所示。

| 修改 \| 放置 风管 | 宽度: 320 | 高度: 200 | 偏移量: 2750.0 mm | 应用 |

图 4-9　设置风管尺寸和偏移量

单击鼠标左键绘制第一点，向右绘制 5000 mm 后，向下 90° 绘制 6000 mm，此时软件会自动添加"风管管件—弯头"，如图 4-10 所示。

注意：绘制完成后如果看不到风管，可将"详细程度"设置为"精细"、将"视觉样式"设置为"着色"。

图 4-10　绘制风管

实操训练 17　创建风管

扫一扫学习
风管的创建
微课视频 2

根据图 4-11 所示的图纸，用构件集的方式建立风机盘管模型，添加风管、管道与电子的连接件，风管连接件尺寸与风口尺寸相对应，管道连接件与水管直径相对应，图中标示不全的地方请自行设置。完成后将模型文件命名为"冷却塔"并进行保存。

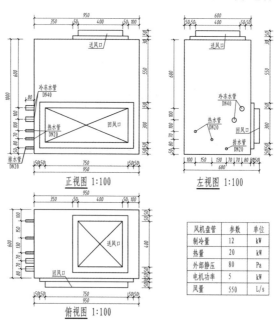

风机盘管	参数	单位
制冷量	12	kW
热量	20	kW
外部静压	80	Pa
电机功率	5	kW
风量	550	L/s

图 4-11　风机盘管三视图与参数

任务4.3 水管

管道是用管子、管子连接件和阀门等连接成的用于输送气体、液体或带固体颗粒的流体的装置。

创建水管时，选择"系统"选项卡→"卫浴和管道"面板→"管道"命令，如图 4-12 所示。在"属性"选项板中单击"编辑类型"按钮，弹出"类型属性"对话框，复制"标准"管道类型，然后命名为"喷淋管道"，如图 4-13 所示。完成后单击"确定"按钮。

图 4-12 选择"管道"命令

在"属性"选项板中将"系统类型"设置为"湿式消防系统"，如图 4-14 所示。

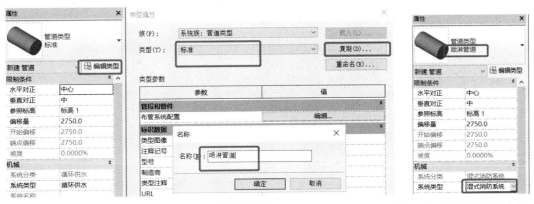

图 4-13 复制、重命名管道　　　　图 4-14 设置管道的系统类型

在选项栏中设置管道直径及偏移量，如图 4-15 所示。在合适的位置单击确定管道的第一点，向右绘制 3000 mm，再单击确定管道的第二点，向下 90° 继续绘制 4000 mm，管道绘制后的效果如图 4-16 所示。

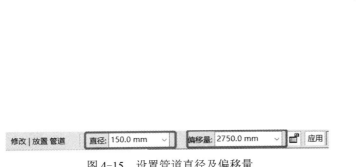

图 4-15 设置管道直径及偏移量　　　　图 4-16 管道绘制后的效果

实操训练 18 创建水管

扫一扫学习
水管的创建
微课视频 2

根据图 4-17 所示的图纸绘制建筑体，建筑层高 4 m，建筑内有
墙、门、楼板、卫浴装置等，无障碍卫生间内的无障碍设施（扶手）可不考虑，未标明尺寸的不做明确要求；根据管井内各主管位置，自行设计卫生间内的给排水路由，排水管坡度为 8‰，给排水管道穿墙时的开洞情况不考虑，洗手盆热水管道不考虑。最后，将设计好的文件命名为"卫生间给排水设计"并保存。

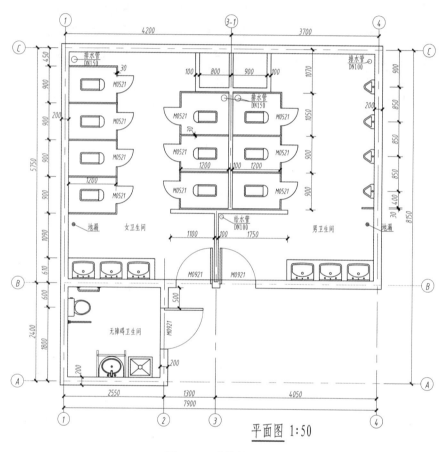

图 4-17 建筑体平面图

任务 4.4 电缆桥架

扫一扫学习电缆桥架的创建微课视频

电缆桥架分为槽式、托盘式、梯架式、网格式等，由支架、托臂和安装附件等组成。

选择"系统"选项卡→"电气"面板→"电缆桥架"命令，如图 4-18 所示。在"属性"选项板中单击"编辑类型"按钮，打开"类型属性"对话框，单击"复制"按钮复制"默认"类型，在弹出的对话框中设置"名称"为"强电桥架"，如图 4-19 所示。软件没有为电缆桥架设置默认连接的管件，如图 4-20 所示，用户可以进行载入，此处单击"确定"按钮关闭该对话框。

图 4-18 选择"电缆桥架"命令

图 4-19 重命名电缆桥架

图 4-20 无默认连接的管件

选择"插入"选项卡→"从库中载入"面板→"载入族"命令，如图 4-21 所示。在打开的对话框中找到 Revit 提供的族库，依次选择"China"→"机电"→"供配电"→"配电设备"→"电缆桥架配件"，如图 4-22 所示。单击第一个想要选择的配件，按住 Shift 键，再单击想要选择的最后一个配件，然后单击"打开"按钮，如图 4-23 所示，将电缆桥架配件载入项目中。

图 4-21 选择"载入族"命令

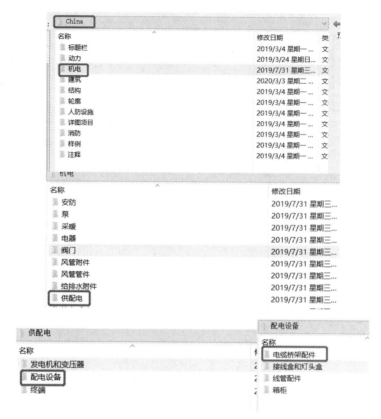

图 4-22 电缆桥架配件族路径

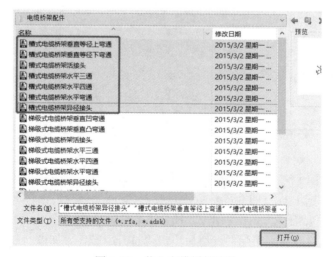

图 4-23 载入电缆桥架配件

选择"系统"选项卡→"电气"面板→"电缆桥架"命令，在"属性"选项板中单击"编辑类型"按钮，打开"类型属性"对话框，对"管件"下面的水平弯头等参数进行设置，如图4-24所示。设置后的参数如图4-25所示。

图4-24　设置电缆桥架配件

图4-25　设置完成的电缆桥架配件

在选项栏中对桥架宽度、高度及偏移量进行设置，如图4-26所示。在合适的位置单击以确定桥架的第一点，向右绘制4000 mm，单击以确定桥架的第二点，向下90°继续绘制4000 mm，完成桥架的绘制，如图4-27所示。

图4-26　设置电缆桥架尺寸及偏移量

注意： 若在绘制时看不到桥架，可在"属性"选项板的"类型"下拉列表中选择"楼层平面"，将"规程"设置为"协调"，如图4-28所示。

图 4-27　绘制电缆桥架

图 4-28　将"规程"设置为"协调"

项目 5

定制化模型设计

任务 5.1 族

任务 5.1.1 可载入族

在 Revit 中进行建模时，基本的图形单元被称为图元，如墙、门、柱、梁、尺寸标注等都被称为图元，所有图元在 Revit 中被称为族。可以说，族是 Revit 的基础。其中，可以单独保存为后缀名是.rfa 的文件，就是可载入族。

要创建可载入族，可使用 Revit 中提供的族样板来定义族的几何图形和尺寸。可将族保存为单独的 Revit 族文件（.rfa 文件），并载入任何项目中。族创建时的难度因构件而异。

打开 Revit 启动界面，选择"族"下面的"新建"命令，如图 5-1 所示。在弹出的"新族-选择样板文件"对话框中，可以选择想要创建的族的样板类型，这里一般选择"公制常规模型"，然后单击"打开"按钮，如图 5-2 所示。

绘制族有 5 个命令，分别是"拉伸""融合""旋转""放样""放样融合"，如图 5-3 所示。接下来以案例的方式介绍这 5 个命令的使用方法。

图 5-1 Revit 启动界面

图 5-2　选择要创建的族的样板类型　　　　图 5-3　绘制族的 5 个命令

1. 拉伸

按图 5-4 所示的要求及给定尺寸创建螺母模型，螺母孔直径为 20 mm，正六边形边长为 18 mm，各边距孔中心 16 mm，螺母高 20 mm。

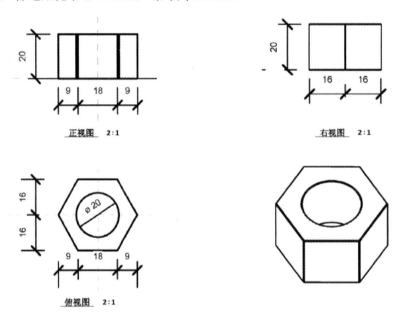

图 5-4　螺母模型视图及尺寸

（1）选择"创建"选项卡→"形状"面板→"拉伸"命令，如图 5-5 所示。在"修改|创建拉伸"上下文选项卡中选择"外接多边形"命令，如图 5-6 所示。

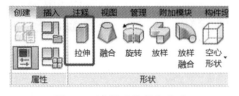

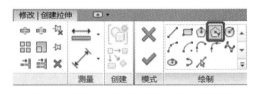

图 5-5　选择"拉伸"命令　　　　　图 5-6　"修改|创建拉伸"上下文选项卡

（2）绘制半径为 16 mm 的外接正六边形，先在空白位置单击以确认中心点，逆时针旋转 50°后输入 16，按 Enter 键（回车键）以确认尺寸，如图 5-7 所示。在"修改|创建拉伸"上下文选项卡中选择"圆形"命令，如图 5-8 所示。在中心点单击以确认中心点，输入 10，按 Enter 键以确认尺寸，绘制好的圆形如图 5-9 所示。

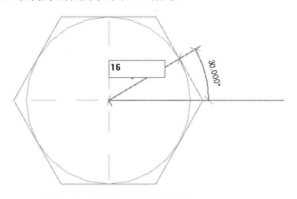

图 5-7　绘制外接正六边形

图 5-8　选择"圆形"命令

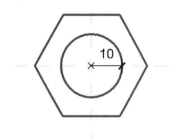

图 5-9　绘制圆形

（3）在"属性"选项板中，将"拉伸终点"的值设置为 20，以确定螺母高度，如图 5-10 所示。在"修改|创建拉伸"上下文选项卡中单击"完成编辑模式"按钮，如图 5-11 所示。切换至三维视图，查看绘制完成后的螺母效果，如图 5-12 所示。将模型以"螺母"为文件名进行保存。

图 5-10　"属性"选项板

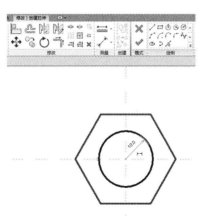

图 5-11　单击"完成编辑模式"按钮

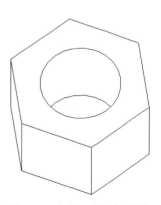

图 5-12　螺母三维视图效果

2. 融合

按图 5-13 所示的俯视图、左视图、右视图及尺寸绘制模型。

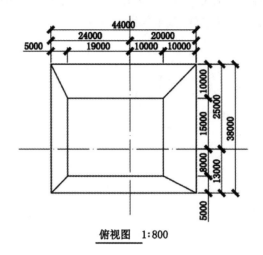

俯视图　1:800

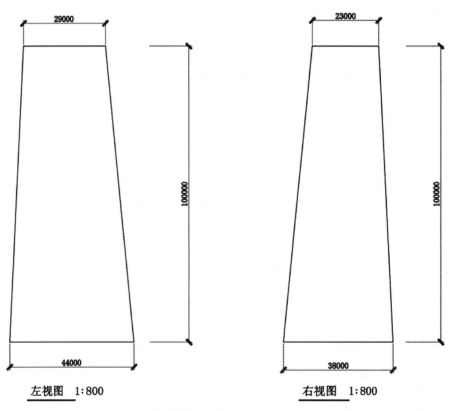

图 5-13　模型的俯视图、左视图、右视图及尺寸

（1）选择"创建"选项卡→"形状"面板→"融合"命令，如图 5-14 所示。接下来选择"修改|创建融合底部边界"上下文选项卡→"绘制"面板→"直线"命令，如图 5-15 所示，准备绘制模型的底部形状。

图 5-14 选择"融合"命令

图 5-15 "修改|创建融合底部边界"上下文选项卡

（2）以中心点为起点绘制长为 55 000 mm、宽为 58 000 mm 的矩形，然后在"修改|创建融合底部边界"上下文选项卡中选择"模式"面板→"编辑顶部"命令，如图 5-16 所示。

（3）选择"修改|创建融合底部边界"上下文选项卡→"绘制"面板→"拾取线"命令，如图 5-17 所示。将选项栏中的偏移量设置为 10 000，分别拾取上方及右侧两条边，如图 5-18 所示。将选项栏中的偏移量设置为 5000，分别拾取左侧及下方两条边，如图 5-19 所示。

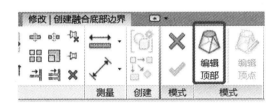

图 5-16 选择"编辑顶部"命令

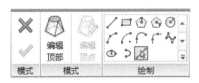

图 5-17 选择"拾取线"命令

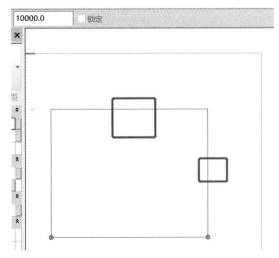

图 5-18 拾取上方及右侧两条边

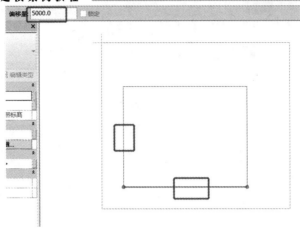

图 5-19　拾取左侧及下方两条边

（4）将"属性"选项板中的"第二端点"的值设置为 100 000，如图 5-20 所示。选择"修改|创建融合顶部边界"上下文选项卡→"模式"面板→"完成编辑模式"命令，如图 5-21 所示。绘制完成后，切换至三维视图查看绘制效果，如图 5-22 所示。最后将模型以"构件"为文件名进行保存。

 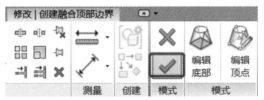 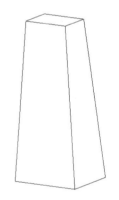

图 5-20　"属性"选项板　　图 5-21　"修改|创建融合顶部边界"上下文选项卡　　图 5-22　模型三维视图效果

3. 旋转

按图 5-23 所示的俯视图、立面图及尺寸绘制模型。

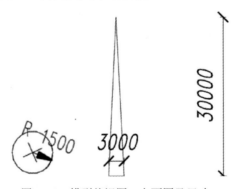

图 5-23　模型俯视图、立面图及尺寸

（1）选择"创建"选项卡→"形状"面板→"旋转"命令，如图 5-24 所示。因为只有在立面图中能够看到模型形状，所以需要切换至立面图进行绘制。直接切换至立面图，软件默认不可以绘制，这里有两种解决方法：一种是在立面选择命令；另一种是在平面选择命令后，通过拾取切换至立面。下面按照第二种方法进行绘制。

图 5-24　选择"旋转"命令

（2）选择"修改|创建旋转"上下文选项卡→"工作平面"面板→"设置"命令，如图 5-25 所示。在弹出的"工作平面"对话框中选中"拾取一个平面"单选按钮，然后单击"确定"按钮，如图 5-26 所示。随后选择水平方向的参照平面，如图 5-27 所示。在弹出的"转到视图"对话框中选择"立面：前"选项，然后单击"打开视图"按钮，如图 5-28 所示。

图 5-25　"修改|创建旋转"选项卡

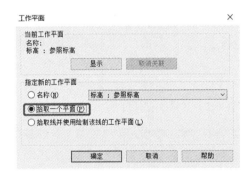

图 5-26　"工作平面"对话框

图 5-27　选择参照平面

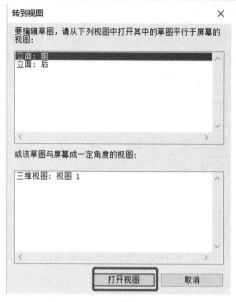

图5-28 "转到视图"对话框

（3）选择"修改|创建旋转"上下文选项卡→"绘制"面板→"直线"命令，如图5-29所示。已知圆锥半径为1500、高度为30 000，绘制立面轮廓。首先在底部绘制长为1500的直线，如图5-30所示。随后沿垂直方向绘制长为30 000的直线，如图5-31所示。将两条线的端点进行连接，完成轮廓的绘制，如图5-32所示。

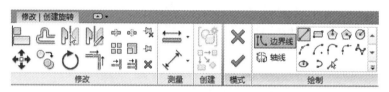

图5-29 "修改|创建旋转"上下文选项卡

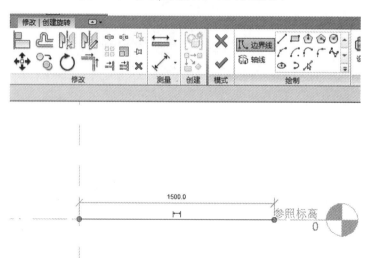

图5-30 在底部绘制直线

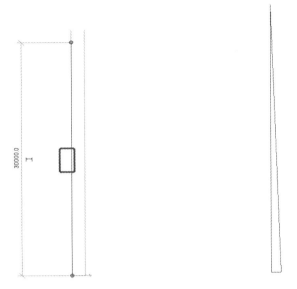

图 5-31 沿垂直方向绘制直线   图 5-32 连接两条线的端点

（4）选择"修改|创建旋转"上下文选项卡→"绘制"面板→"轴线"中的"直线"命令，如图 5-33 所示。沿垂直方向绘制一条轴线，如图 5-34 所示。完成后单击"完成编辑模式"按钮，如图 5-35 所示。切换至三维视图，查看绘制后的效果，如图 5-36 所示。最后以"圆锥"为文件名将模型保存。

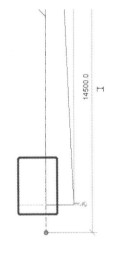

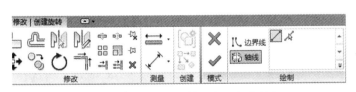

图 5-33 "修改|创建旋转"上下文选项卡   图 5-34 沿垂直方向绘制一条轴线

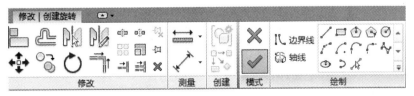

图 5-35 单击"完成编辑模式"按钮

图 5-36　圆锥三维视图

4．放样

根据图 5-37 所示的轮廓及路径绘制模型。

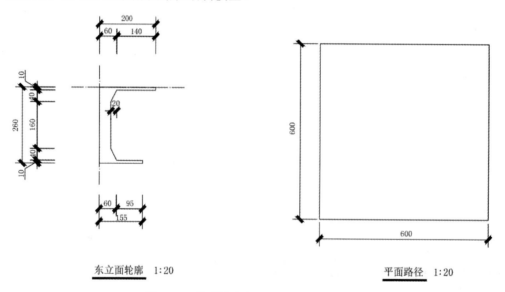

东立面轮廓　1:20　　　　　　　　　　　平面路径　1:20

图 5-37　模型的东立面轮廓和平面路径

（1）选择"创建"选项卡→"形状"面板→"放样"命令，如图 5-38 所示。再选择"修改|放样"上下文选项卡→"放样"面板→"绘制路径"命令，如图 5-39 所示。接下来选择"修改|放样>绘制路径"上下文选项卡→"绘制"面板→"直线"命令，如图 5-40 所示。

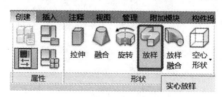

图 5-38　选择"放样"命令

图 5-39 选择"绘制路径"命令

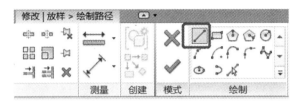

图 5-40 选择"直线"命令

（2）从中心点开始，绘制边长为 600 的正方形，如图 5-41 所示。单击"完成编辑模式"按钮，如图 5-42 所示。

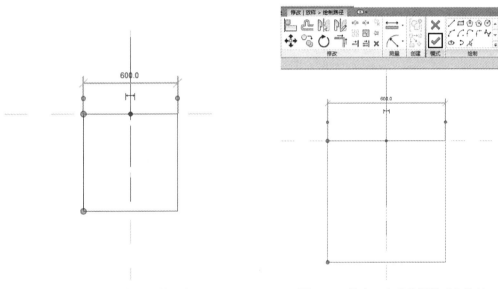

图 5-41 绘制边长为 600 的正方形　　　　图 5-42 单击"完成编辑模式"按钮

（3）选择"修改|放样"上下文选项卡→"放样"面板→"编辑轮廓"命令，如图 5-43 所示。在弹出的"转到视图"对话框中选择"立面：右"选项，然后单击"打开视图"按钮，如图 5-44 所示。

图 5-43 选择"编辑轮廓"命令

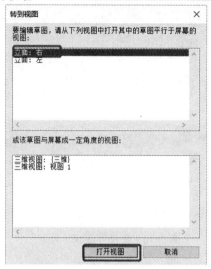

图 5-44 "转到视图"对话框

（4）选择"修改|放样>编辑轮廓"上下文选项卡→"绘制"面板→"直线"命令，如图 5-45 所示。

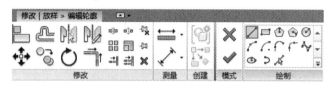

图 5-45 选择"直线"命令

（5）从中心点出发向下绘制长 260 的直线，如图 5-46 所示。按照模型尺寸绘制其他直线，如图 5-47 所示。

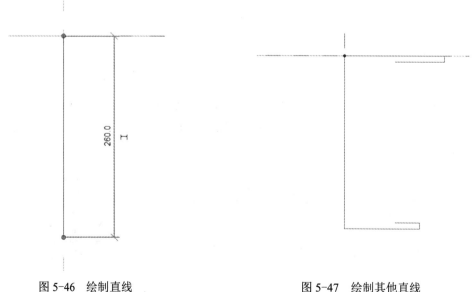

图 5-46 绘制直线　　　　　　　　图 5-47 绘制其他直线

（6）按照图 5-48 所示，以终点为起点，向上绘制长为 40 的线段，再向左绘制长为 20 的线段，最后连接首尾两点，以确定斜线的位置及长度。将多余的两条线删除，并用同样的方法绘制上方斜线，完成后单击"完成编辑模式"按钮，如图 5-49 所示。

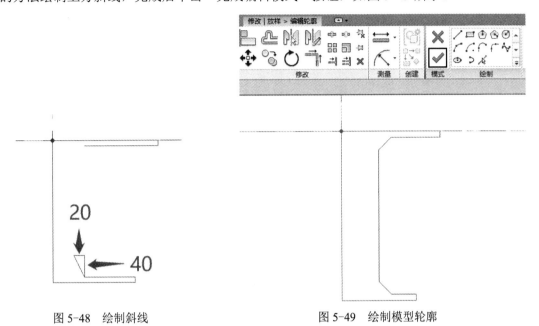

图 5-48　绘制斜线　　　　　　　　　　　图 5-49　绘制模型轮廓

（7）切换至三维视图，在"修改|放样"上下文选项卡中单击"完成编辑模式"按钮，如图 5-50 所示。切换至三维视图，绘制完成后的效果如图 5-51 所示。将模型以"柱顶饰条"为文件名进行保存。

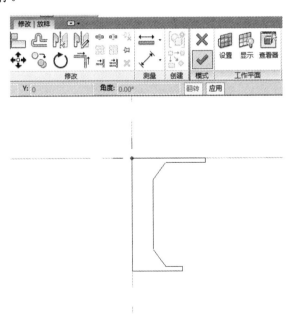

图 5-50　单击"完成编辑模式"按钮

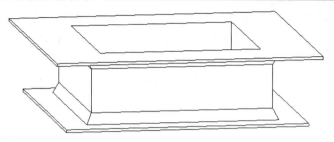

图 5-51　模型三维视图效果

5. 放样融合

"放样融合"命令其实就是"放样"命令与"融合"命令的集合，即通过绘制一条路径，完成两个面的融合。

（1）选择"创建"选项卡→"形状"面板→"放样融合"命令，如图 5-52 所示。再选择"修改|放样融合"上下文选项卡→"放样融合"面板→"绘制路径"命令，如图 5-53 所示。

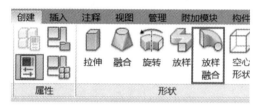

图 5-52　选择"放样融合"命令

图 5-53　选择"绘制路径"命令

（2）进入绘制路径界面后，选择"修改|放样融合>绘制路径"上下文选项卡→"绘制"面板→"圆心-端点弧"命令，如图 5-54 所示。在圆心左侧 1500 处单击，以确定半径，如图 5-55 所示。以半圆为路径向右侧移动，到最近点单击以确定直径，如图 5-56 所示。在"修改|放样融合>绘制路径"上下文选项卡中单击"完成编辑模式"按钮完成路径绘制，如图 5-57 所示。

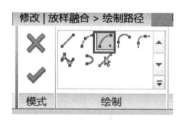

图 5-54　选择"圆心-端点弧"命令

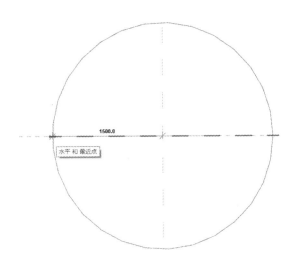

图 5-55 确定半径

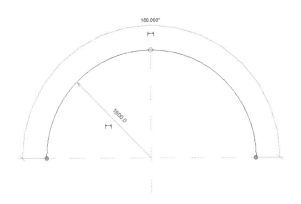

图 5-56 确定直径

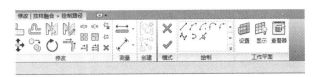

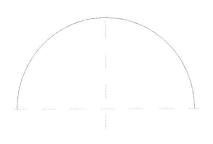

图 5-57 绘制完成的路径

（3）"修改|放样融合"上下文选项卡的"放样融合"面板中有两个轮廓命令，如图5-58所示，绘图区域中被框选的线条为软件所选的轮廓，如果已选中想要绘制的轮廓，则直接选择"编辑轮廓"命令即可；如不确定，可通过"选择轮廓 1"或"选择轮廓 2"命令进行选择，完成后选择"编辑轮廓"命令即可。

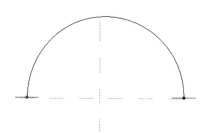

图5-58 "修改|放样融合"上下文选项卡

（4）选择"修改|放样融合"上下文选项卡→"放样融合"面板→"编辑轮廓"命令，如图 5-59 所示。在弹出的"转到视图"对话框中选择"立面：前"选项，然后单击"打开视图"按钮，如图5-60所示。

图5-59 "修改|放样融合"上下文选项卡

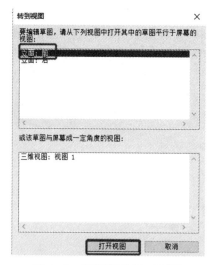

图5-60 "转到视图"对话框

（5）选择"修改|放样融合>编辑轮廓"上下文选项卡→"绘制"面板→"圆形"命令，如图 5-61 所示。选择亮显的那一侧参照平面的中心点作为绘图圆心，如图 5-62 所示。绘制一个半径为 80 的圆，如图 5-63 所示。绘制完成后单击"完成编辑模式"按钮，如图 5-64 所示。

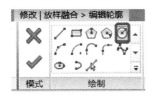

图 5-61   选择"圆形"命令

图 5-62   绘图圆心示意图

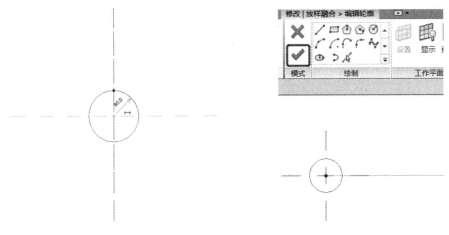

图 5-63   绘制圆

图 5-64   完成绘图

（6）在"修改|放样融合"上下文选项卡的"放样融合"面板中依次选择"选择轮廓 2"和"编辑轮廓"命令，如图 5-65 所示。再选择"修改|放样融合>编辑轮廓"上下文选项卡→"绘制"面板→"圆形"命令，如图 5-66 所示。选择亮显的那一侧参照平面的中心点作为绘图圆心，如图 5-67 所示。绘制一个半径为 120 的圆，如图 5-68 所示。绘制完成后单击"完成编辑模式"按钮，如图 5-69 所示。

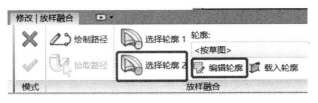

图 5-65   "修改|放样融合"上下文选项卡

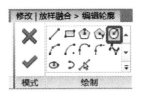

图 5-66   选择"圆形"命令

图 5-67   绘图圆心示意图

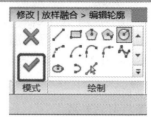

图 5-68　绘制圆　　　　　　　　图 5-69　完成绘制

（7）绘制完路径及两个轮廓后，在"修改|放样融合"上下文选项卡中单击"完成编辑模式"按钮，如图 5-70 所示。切换至三维视图，效果如图 5-71 所示。

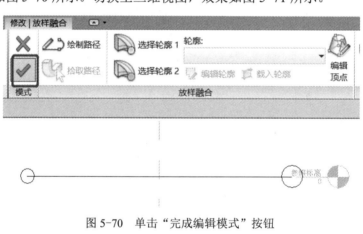

图 5-70　单击"完成编辑模式"按钮

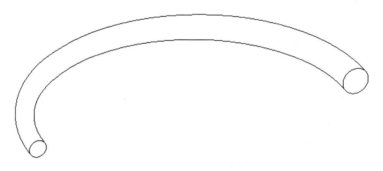

图 5-71　模型三维视图效果

任务 5.1.2　内建模型

扫一扫学习
内建模型微
课视频

内建模型所创建的模型也是族的一种，叫作内建族。与可载入族的创建方式不同，内建模型需要在项目中进行创建，其绘制方式与可载入族的绘制方式一致。

下面以墙体实操中的文件为基础进行绘制。

（1）在软件启动界面选择"项目"中的"建筑样板"选项，如图 5-72 所示。选择"建筑"选项卡→"构建"面板→"构件"下拉按钮→"内建模型"命令，如图 5-73 所示。

图 5-72 启动界面

图 5-73 选择"内建模型"命令

（2）在弹出的"族类别和族参数"对话框中，可以根据需要选择族的类别，没有特殊要求时可选择"常规模型"选项，然后单击"确定"按钮，如图 5-74 所示。弹出"名称"对话框，将"名称"设置为"门框装饰"，再单击"确定"按钮，如图 5-75 所示。

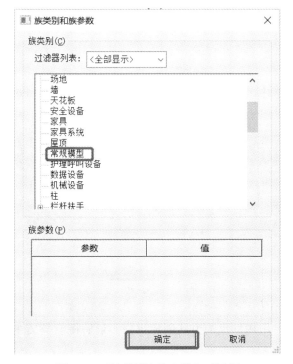

图 5-74 "族类别和族参数"对话框

图 5-75 "名称"对话框

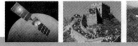

（3）进入绘制界面，可以看到当前界面与绘制族的界面一致，命令也一致，如图 5-76 所示。例如，选择"创建"选项卡→"形状"面板→"放样"命令，如图 5-77 所示。

图 5-76　绘制界面中的命令

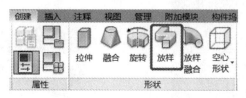

图 5-77　选择"放样"命令

实操训练 19　创建族

扫一扫学习族的创建微课视频 1

（1）图 5-78 为某牛腿柱的投影图及尺寸，请按图示尺寸要求创建该牛腿柱模型，最后将模型文件以"牛腿柱"为文件名进行保存。

扫一扫学习族的创建微课视频 2

扫一扫学习族的创建微课视频 3

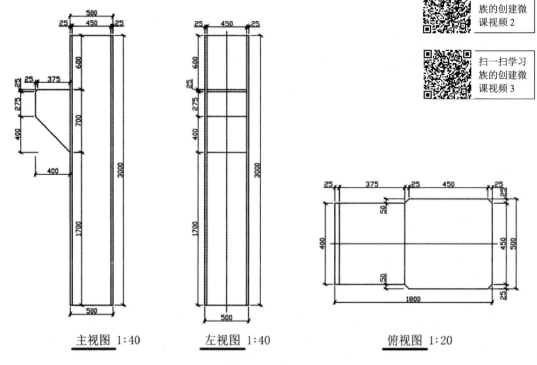

主视图 1:40　　　左视图 1:40　　　俯视图 1:20

图 5-78　某牛腿柱的投影图及尺寸

（2）根据图 5-79 所示的投影图及尺寸，用构件集的方式创建模型，最后将模型文件以"纪念碑"为文件名进行保存。

（3）根据图 5-80 所示的投影图及尺寸，创建六边形门洞模型，最后将模型文件以"六边形门洞"为文件名进行保存。

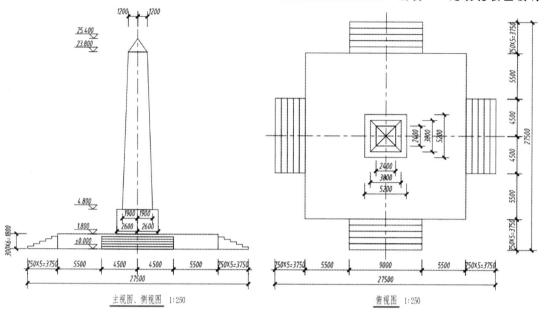

图 5-79　纪念碑的投影图及尺寸

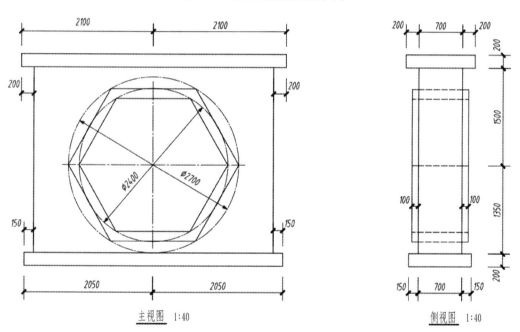

图 5-80　六边形门洞投影图及尺寸

任务 5.2　体量

Revit 提供了两种创建概念体量模型的方式：在项目中在位创建概念体量和在概念体量族编辑器中创建独立的概念体量族。在位创建的概念体量仅用于当前项目，而创建的概念体量族文件可以像其他族文件那样被载入到不同的项目中。

任务5.2.1 概念体量的创建

要创建独立的概念体量族，可单击"应用程序菜单"按钮，在弹出的菜单中选择"新建"→"概念体量"选项，如图 5-81 所示。在弹出的对话框中选择"公制体量"然后将"文件类型"设置为"族样板文件"，单击"打开"按钮，如图 5-82 所示，即可进入概念体量编辑模式。另外，启动 Revit 后，在"最近使用的文件"菜单中选择族类别中的"新建概念体量"命令，同样可以进入概念体量编辑模式，如图 5-83 所示。

扫一扫学习
概念体量微
课视频

图 5-81　选择"新建"→"概念体量"选项

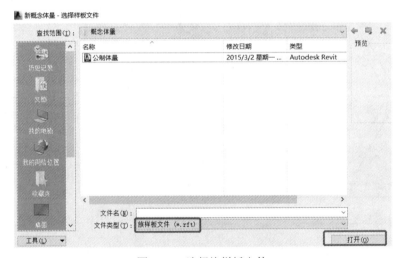

图 5-82　选择族样板文件

1. 创建各种形状

选择"创建形状"下拉列表中的"实心形状"命令和"空心形状"命令，如图 5-84 所示，可以创建两种类型的体量模型对象：实心模型和空心模型。一般情况下，空心模型将自动剪切与之相交的实体模型，也可以自动剪切创建的实体模型。选择"修改"选项卡→"几何图形"面板→"剪切几何图形"命令和"取消剪切几何图形"命令，如图 5-85 所示，可以设置空心模型是否剪切实体模型。

图 5-83 概念体量编辑模式

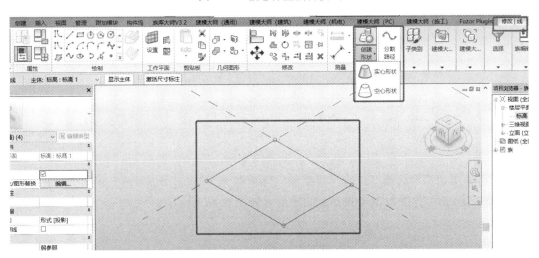

图 5-84 "创建形状"下拉列表

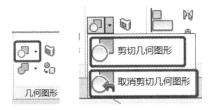

图 5-85 设置空心模型是否剪切实体模型

　　"创建形状"命令将自动分析所拾取的草图,通过拾取草图形态,可以生成拉伸、旋转、放样、融合等多种形态的对象。例如,在体量编辑模式中绘制两个矩形,选择"创建形状"命令,可以创建一个拉伸模型。

2. 创建概念体量

（1）创建概念体量模型，首先要创建标高，以便在相应平面视图中绘制几何形状。将视图切换到任意立面，选择"创建"选项卡→"基准"面板→"标高"命令，创建与标高 1 相距 20 000 mm 的标高 2，如图 5-86 所示。

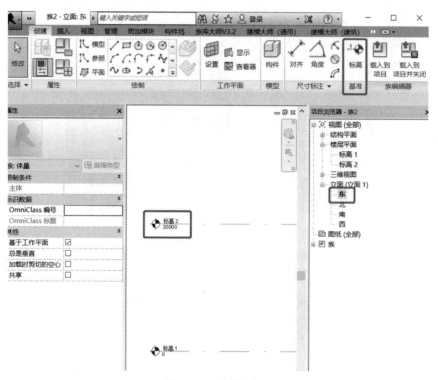

图 5-86　创建标高 2

（2）将视图切换至标高 1，选择"创建"选项卡→"绘制"面板→"矩形"命令，绘制长度为 40 000 mm、宽度为 30 000 mm 的矩形，如图 5-87 所示。

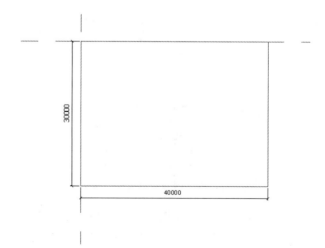

图 5-87　绘制矩形

（3）将视图切换至标高 2，使用"圆形"命令绘制一个半径为 20 000 mm 的圆形，如图 5-88 所示。

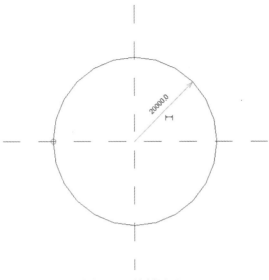

图 5-88 绘制圆形

（4）将视图切换至三维，按 Ctrl 键的同时分别选择绘制好的两个形状，然后选择"修改|线"上下文选项卡→"形状"面板→"创建形状"下拉按钮→"实心形状"命令，如图 5-89 所示。

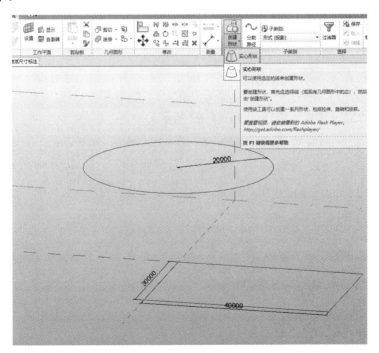

图 5-89 选择"实心形状"命令

（5）绘制完成后的效果如图 5-90 所示。

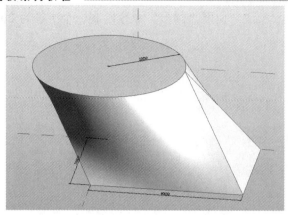

图 5-90　绘制完成后的效果

扫一扫学习
内建体量微
课视频

任务 5.2.2　内建体量的创建

（1）新建一个项目文件，选择"体量和场地"选项卡→"概念体量"面板→"内建体量"命令，在弹出的"名称"对话框中输入所创建的体量模型的名称，如图 5-91 所示。完成后单击"确定"按钮。

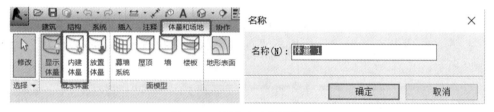

图 5-91　创建内建体量并命名

（2）在项目标高中创建相应形状，命令的使用方法与单独创建体量时命令的使用方法一致，绘制完成后，将"视图样式"设置为"真实"，然后在"修改"选项卡→"在位编辑器"面板中单击"完成体量"按钮，如图 5-92 所示。

图 5-92　创建内建体量

任务 5.2.3　面模型的创建

扫一扫学习
面模型的创
建微课视频

在进行概念设计时，除通过体量模型了解建筑概念的形态外，还要知道体量模型可以被导入到项目中，通过操作得到相应的实体模型。

1. 体量楼层

"体量楼层"命令用于为体量模型匹配项目中相应的标高，以创建楼板。注意，体量模型楼板的创建需要以体量楼层为基础。

在项目的任意立面视图中创建 4 个间距为 3000 mm 的标高，如图 5-93 所示。将视图切换至三维，选择创建好的体量模型，再选择"修改|体量"上下文选项卡→"模型"面板→"体量楼层"命令，如图 5-94 所示。在弹出的"体量楼层"对话框中，勾选全部标高前面的复选框，然后单击"确定"按钮，如图 5-95 所示，即可完成体量楼层的添加。

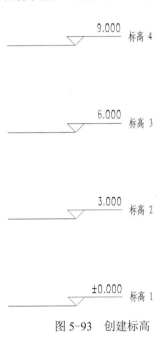

图 5-93　创建标高

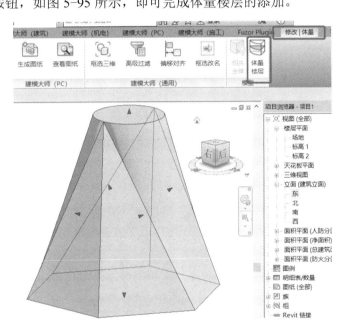

图 5-94　选择"体量楼层"命令

图 5-95　"体量楼层"对话框

2. 楼板

从体量实例创建楼板可以使用"面楼板"命令或"楼板"命令。在使用"面楼板"命令前，需要创建体量楼层。体量楼层在体量实例中用于计算楼层面积。

在三维视图中，选择"体量和场地"选项卡→"面模型"面板→"楼板"命令，如图 5-96 所示。将"视图样式"设置为"着色"，选择"修改|放置面楼板"上下文选项卡→"多重选择"面板→"选择多个"命令，然后框选所有体量楼层，如图 5-97 所示。此时"创建楼板"命令亮显，如图 5-98 所示。选择"创建楼板"命令，完成面楼板的绘制，如图 5-99 所示。

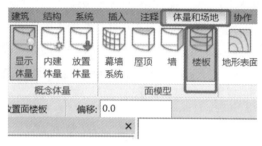

图 5-96　选择"楼板"命令

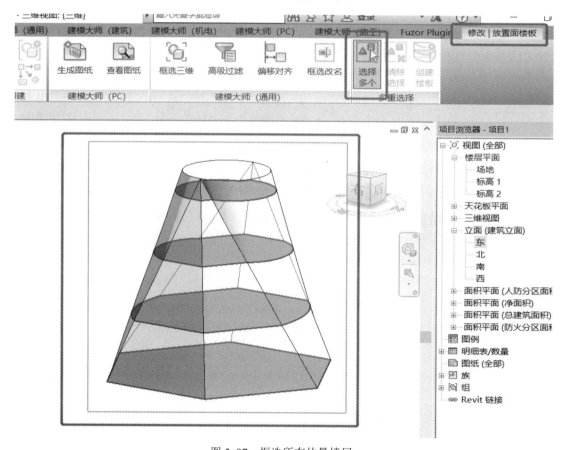

图 5-97　框选所有体量楼层

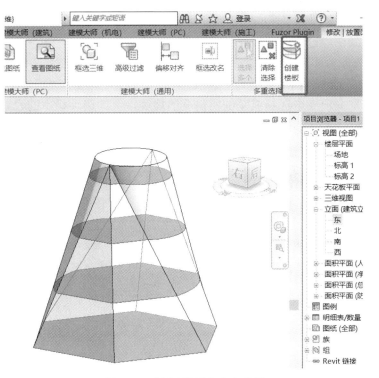

图 5-98 "创建楼板"命令亮显

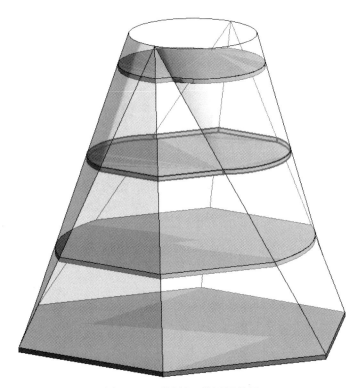

图 5-99 面楼板三维视图效果

3. 墙

选择"墙"命令，通过拾取线或面可以从体量实例创建墙。此命令将墙放置在体量实例或常规模型的非水平面上。

在三维视图中，选择"体量和场地"选项卡→"面模型"面板→"墙"命令，如图 5-100 所示。在"属性"选项板中选择或复制所需要的墙类型，其选项栏中的设置与普通墙体选项栏中的设置相同。设置完成后，选择需要在体量模型中添加墙的面即可，效果如图 5-101 所示。

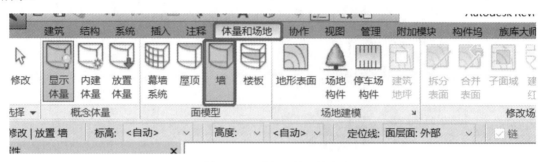

图 5-100　选择"墙"命令

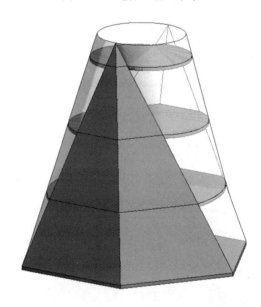

图 5-101　从体量实例创建墙的三维视图效果

4. 幕墙系统

可以在体量面或常规模型上创建幕墙系统。

在三维视图中，选择"体量和场地"选项卡→"面模型"面板→"幕墙系统"命令，如图 5-102 所示。在"属性"选项板中选择或复制所需要的幕墙类型，其设置与"面楼板"的设置类似。选择需要创建幕墙的面，然后选择"修改|放置面幕墙系统"上下文选项卡→"多重选择"面板→"创建系统"命令，如图 5-103 所示。幕墙系统创建后的效果如图 5-104 所示。

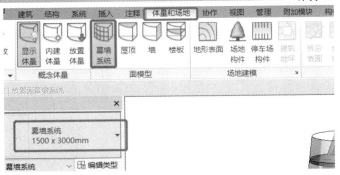

图 5-102　选择"幕墙系统"命令

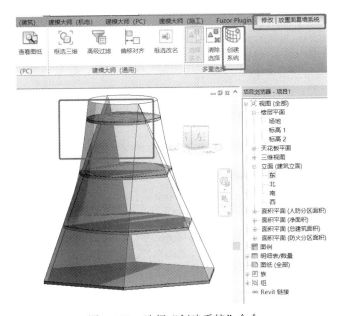

图 5-103　选择"创建系统"命令

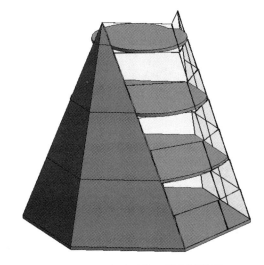

图 5-104　幕墙系统三维视图效果

5. 屋顶

使用"屋顶"命令可以在体量的任何非垂直面上创建屋顶。

在三维视图中,选择"体量和场地"选项卡→"面模型"面板→"屋顶"命令,在"属性"选项板中选择或复制所需要的屋顶类型,在选项栏中对屋顶的尺寸进行设置(与"面楼板"的设置类似),如图 5-105 所示。选择需要创建屋顶的面,再选择"修改|放置面屋顶"上下文选项卡→"多重选择"面板→"创建屋顶"命令,如图 5-106 所示。面屋顶创建后的三维视图效果如图 5-107 所示。

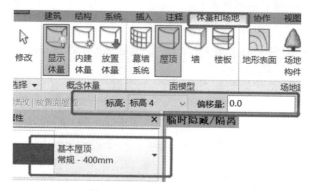

图 5-105　创建并设置屋顶

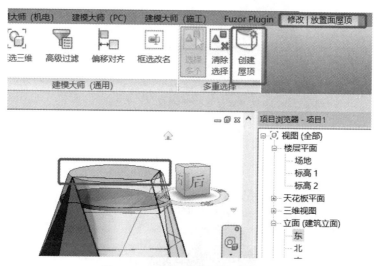

图 5-106　选择"创建屋顶"命令

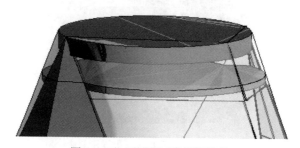

图 5-107　面屋顶三维视图效果

实操训练 20 **创建体量**

创建图 5-108 所示的模型。其中，墙为"常规-200 m 厚面墙"，定位线为"核心层中心线"；幕墙系统为网格布局 600 mm×1000 mm（横向网格间距为 600 mm，竖向网格间距为 1000 mm），网格上均设置整梃，竖梃均为圆形，半径为 50 mm；屋项厚度为"常规-500 m"屋顶；楼板为"常规-150 m 板"，标高 1～标高 6 上均设置楼板。

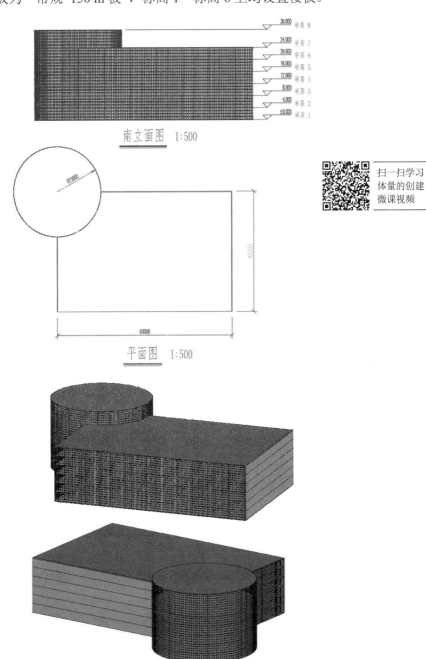

扫一扫学习体量的创建微课视频

图 5-108 模型投影图、尺寸和三维视图效果

项目 6 成果输出

任务 6.1 明细表

扫一扫学习明细表的创建微课视频 1

创建明细表、提取数量和材质，可以确定并分析在项目中使用的构件和材质。明细表是模型的另一种视图，是显示项目中任意类型图元的列表。明细表以表格形式显示信息，这些信息是从项目中的图元属性中提取的。在明细表中可以列出要编制明细表的图元类型的每个实例，或者根据明细表的成组标准将多个实例压缩到一行中。

1. 创建明细表

项目模型绘制完成后，可以通过创建明细表对工程量进行统计。

（1）选择"视图"选项卡→"创建"面板→"明细表"下拉按钮→"明细表/数量"命令，如图 6-1 所示。

图 6-1 选择"明细表/数量"命令

（2）弹出"新建明细表"对话框，选择"窗"类别，然后在"名称"文本框中输入明细表名称，如图6-2所示。完成后单击"确定"按钮。

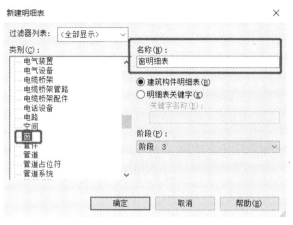

图6-2　设置明细表名称

（3）在弹出的"明细表属性"对话框的"字段"选项卡中，可以通过"添加"按钮将"可用的字段"文本框中的参数添加到"明细表字段（按顺序排列）"文本框中（此步骤也可以通过双击字段名称实现），如图 6-3 所示。可通过"上移"按钮和"下移"按钮对字段进行顺序调整。

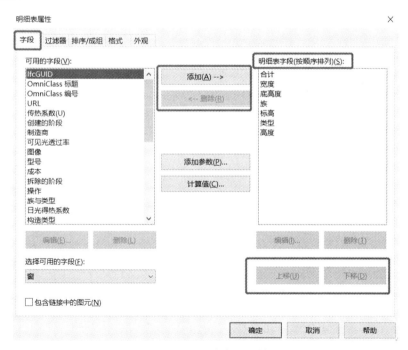

图6-3　明细表字段调整

（4）在"明细表属性"对话框的"过滤器"选项卡中，可以添加过滤条件，将符合要求的数据筛选出来。单击"过滤条件"下拉按钮，在打开的下拉列表中选择相应的参数即可，如图6-4所示。

图 6-4　数据筛选

（5）在"明细表属性"对话框的"排序/成组"选项卡中，可以设置参数对字段进行排序，如图 6-5 所示。

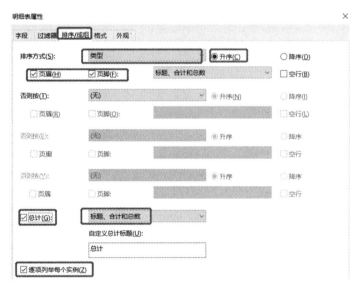

图 6-5　对字段进行排序

（6）在"明细表属性"对话框的"格式"选项卡中，可以对字段的标题名称、标题方向、字段格式及条件格式进行设置，如图 6-6 所示。例如，可以对相应字段的单位进行修改。

（7）在"明细表属性"对话框的"外观"选项卡中，可以设置明细表的图形和文字，如图 6-7 所示，使明细表更加整齐和美观。

2. 编辑明细表

想要修改明细表的设置，可以在"属性"选项板的"类型"下拉列表中选择"明细表"选项，然后单击明细表属性选项右侧的"编辑"按钮，如图 6-8 所示。打开"明细表属性"对话框，即可对明细表属性进行修改。

图 6-6　明细表格式设置

图 6-7　明细表外观设置

图 6-8　明细表的"属性"选项板

实操训练 21　创建明细表

扫一扫学习明细表的创建微课视频 2

按照图 6-9 所示的明细表样式创建窗明细表。

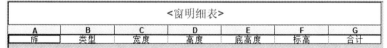

图 6-9　窗明细表

任务 6.2　渲染与漫游

扫一扫学习视图渲染微课视频

任务 6.2.1　视图渲染

（1）打开绘制好的文件，将视图切换至三维视图，如图 6-10 所示。选择"视图"选项卡→"图形"面板→"渲染"命令，如图 6-11 所示。

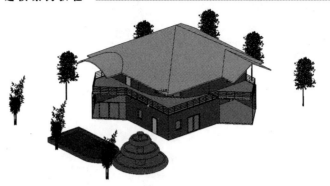

图 6-10　三维视图效果

图 6-11　选择"渲染"命令

（2）弹出"渲染"对话框，在"质量"选项区的"设置"下拉列表中选择"中"选项，如图 6-12 所示。在"照明"选项区的"方案"下拉列表中选择"室内：日光和人造光"选项，如图 6-13 所示。在"背景"选项区的"样式"下拉列表中选择"天空：无云"选项，如图 6-14 所示。

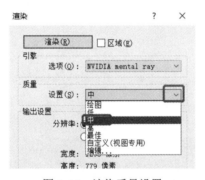

图 6-12　渲染质量设置

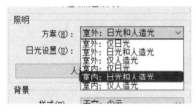

图 6-13　照明方案设置

图 6-14　背景样式设置

（3）设置完成后单击该对话框上方的"渲染"按钮，如图 6-15 所示。弹出"渲染进度"对话框，显示渲染的时间和进度，如图 6-16 所示。渲染完成后返回"渲染"对话框，单击"保存到项目中"按钮，如图 6-17 所示，否则渲染图片不会被保存。

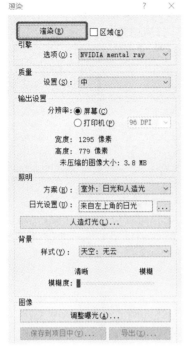

图 6-15　单击"渲染"按钮

图 6-16　"渲染进度"对话框

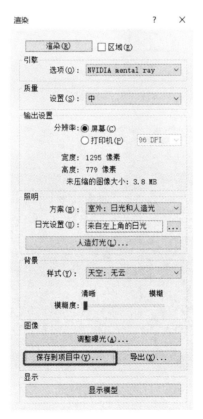

图 6-17　单击"保存到项目中"按钮

（4）弹出"保存到项目中"对话框，将"名称"设置为"效果图"，然后单击"确定"按钮，如图 6-18 所示。此时项目浏览器中会出现渲染视图，如图 6-19 所示。关闭"渲染"对话框后，可在项目浏览器中双击"效果图"，查看渲染效果，如图 6-20 所示。

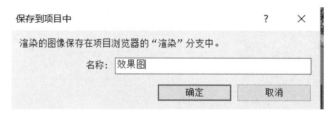

图 6-18　设置名称

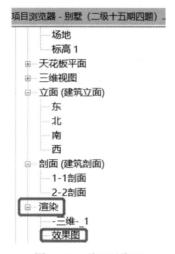

图 6-19　项目浏览器

图 6-20　渲染效果

（5）也可以在"渲染"对话框中单击"导出"按钮，如图 6-21 所示。弹出"保存图像"对话框，可以更改保存路径、文件名及文件类型，如图 6-22 所示。

图 6-21　单击"导出"按钮

图 6-22　"保存图像"对话框

任务 6.2.2 漫游动画

1. 启用剖面框

（1）打开三维视图。在"属性"选项板的"范围"选项区中，勾选"剖面框"复选框，然后单击"应用"按钮。

（2）显示出来的剖面框效果如图 6-23 所示。拖曳三角形控制柄，可以修改剖面框范围。

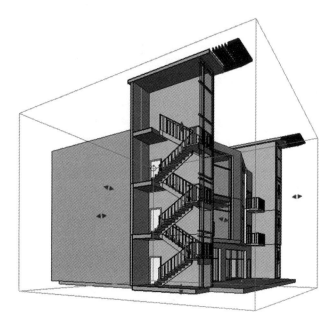

图 6-23 剖面框设置和显示剖面框效果

2. 创建漫游

（1）打开要放置漫游路径的视图。

提示：通常，用平面视图创建漫游较为容易，也可以用立面视图、剖面视图或三维视图创建漫游。在此过程中，打开其他视图，有助于精确定位路径和相机。要同时查看所有打开的视图，可选择"视图"选项卡→"窗口"面板→"平铺视图"命令。

（2）选择"视图"选项卡→"创建"面板→"三维视图"下拉按钮→"漫游"命令，如图 6-24 所示。

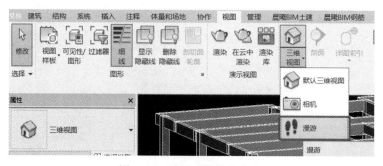

图 6-24 选择"漫游"命令

（3）若要将漫游创建为正交三维视图，可取消勾选选项栏中的"透视图"复选框，然后为该三维视图选择视图比例即可。

3. 关键帧调整

（1）将鼠标指针置于视图中并单击即可放置关键帧，沿所需方向移动鼠标指针可以绘制路径。

在平面视图中，通过设置相机距所选标高的偏移量可调整路径和相机的高度。从选项栏的"标高"下拉列表中选择一个标高，然后在"偏移"文本框中输入高度值。注意，使用这些设置可创建上楼或下楼的相机效果。

（2）继续放置关键帧，以定义漫游路径。

可以在任意位置放置关键帧，但在创建路径时不能修改这些关键帧的位置。路径创建完成后，可以编辑关键帧，如图 6-25 所示。

（3）要完成漫游，需执行下列操作之一。

● 单击"完成漫游"按钮。

● 双击以结束路径创建。

● 按 Esc 键。

Revit 会在项目浏览器的"漫游"分支下创建漫游视图，并为其指定名称"漫游 1"，用户可以重命名漫游。

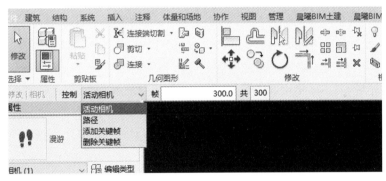

图 6-25   编辑关键帧

4. 导出漫游

在将漫游导出为图像文件时，漫游的每个帧都会保存为单个文件。可以导出所有帧或一定范围的帧。导出漫游的操作步骤如下。

（1）打开漫游视图，选择"文件"选项卡→"导出"→"图像和动画"→"漫游"命令，如图 6-26 所示。

（2）弹出"长度/格式"对话框，在"输出长度"选项区中，指定要包含的帧。选择"全部帧"或"帧范围"单选按钮以指定开始帧和结束帧。调整"帧/秒"的数值，在改变每秒的帧数时，总时间会自动更新，如图 6-27 所示。

（3）在"格式"选项区中，设置"视觉样式""尺寸标注""缩放"的值。

设置完成后，单击"确定"按钮。此时弹出"导出漫游"对话框，选择保存位置，输入漫游文件名并选择文件类型，然后单击"保存"按钮，如图 6-28 所示。

图 6-26　漫游导出

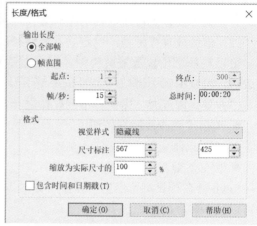

图 6-27　"长度/格式"对话框

注意：如果在"导出漫游"对话框的"文件类型"下拉列表中选择了"AVI 文件"，则会弹出"视频压缩"对话框，从"压缩程序"下拉列表中选择视频压缩程序，如图 6-29 所示。单击"确定"按钮完成导出漫游操作。

图 6-28　"导出漫游"对话框

图 6-29　"视频压缩"对话框

实操训练 22　制作漫游动画

使用任务实操 2.12.3 中的"幼儿园"场地文件，进行漫游动画制作，要求显示二层栏杆位置，并导出视频，视频名称为"幼儿园漫游视频"。

任务 6.3　图纸

扫一扫学习
图纸的创建
微课视频

任务 6.3.1　图纸的创建

在 Revit 中，使用"图纸"命令可以为项目创建图纸视图、指定图纸使用的标题栏，并将指定的视图放置在图纸视图中形成最终施工图纸。

（1）选择"视图"选项卡→"图纸组合"面板→"图纸"命令，如图 6-30 所示。

图 6-30　选择"图纸"命令

（2）弹出"新建图纸"对话框，选择相应的标题栏，如图 6-31 所示。

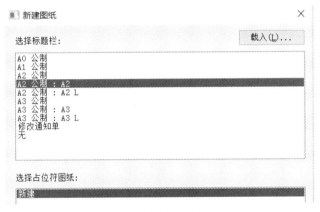

图 6-31　选择图纸标题栏

（3）选择"视图"选项卡→"图纸组合"面板→"视图"命令，如图 6-32 所示。在弹出的"视图"对话框中选择想要创建图纸的相应视图，如图 6-33 所示。在图纸内部单击，即可放置选择的视图，如图 6-34 所示。视图放置完成后，可对图纸名称等进行设置，如图 6-35 所示。

图 6-32　选择"视图"命令

图 6-33 "视图"对话框

图 6-34 放置视图

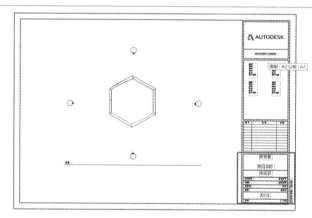

图 6-35 设置图纸名称等

任务 6.3.2 添加图纸标注和标记

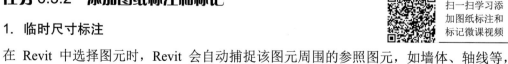

扫一扫学习添加图纸标注和标记微课视频

1. 临时尺寸标注

在 Revit 中选择图元时,Revit 会自动捕捉该图元周围的参照图元,如墙体、轴线等,以显示所选图元与参照图元之间的距离。可以修改临时尺寸标注的默认捕捉位置，以便更好地对图元进行定位。

例如，在 Revit 中绘制一面墙，在墙上绘制一扇窗，如图 6-36 所示。选中窗后会显示临时尺寸标注，如图 6-37 所示。可以通过修改临时尺寸标注改变窗的位置，如图 6-38 和图 6-39 所示。

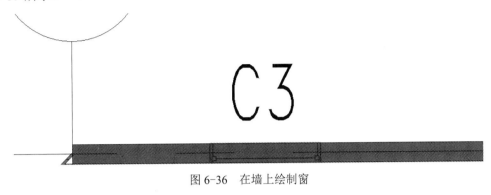

图 6-36　在墙上绘制窗

图 6-37　显示临时尺寸标注

图 6-38　修改临时尺寸标注

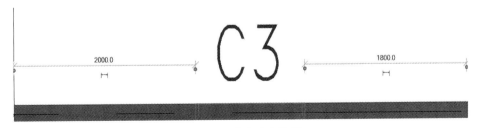

图 6-39　窗户改变位置

2. 线性标注

Revit 提供了对齐、线性、角度、径向、直径、弧长共 6 种不同形式的尺寸标注，如图 6-40 所示。其中，对齐尺寸标注用于沿相互平行的图元参照（如平行的轴线之间）标注

尺寸,而线性尺寸标注用于标注选定的任意两点之间的尺寸线。

例如,选择"注释"选项卡→"尺寸标注"面板→"对齐"命令,如图 6-41 所示。在"属性"选项板中选择对应类型并进行正确设置,如图 6-42 所示。选择想要进行标注的第一点,再找到与其平行的第二点,单击任意空白处以完成对齐尺寸标注,效果如图 6-43 所示。

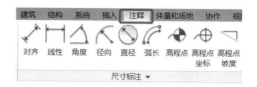

图 6-40　不同形式的尺寸标注

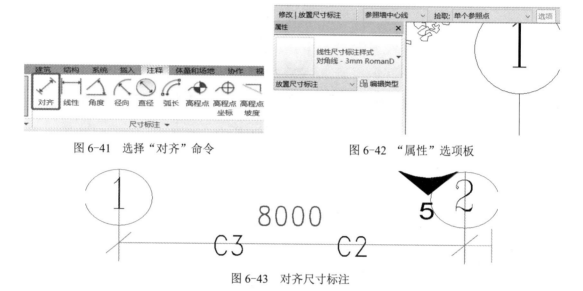

图 6-41　选择"对齐"命令　　　　　图 6-42　"属性"选项板

图 6-43　对齐尺寸标注

3. 角度标注

选择"注释"选项卡→"尺寸标注"面板→"角度"命令,如图 6-44 所示。选择被测量角度的第一条边,再选择另外一条边,向外进行拖曳,单击任意空白位置即可完成角度尺寸标注,如图 6-45 所示。

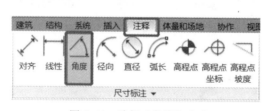

图 6-44　选择"角度"命令

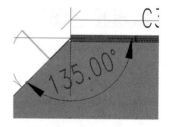

图 6-45　角度尺寸标注

任务 6.3.3　图纸的导出

扫一扫学习
图纸的导出
微课视频

单击"应用程序菜单",选择"导出"→"CAD 格式"→"DWG"选项,如图 6-46 所示。在弹出的"DWG 导出"对话框中,可以选择导出设置、设置导出的图纸,以及设置导出的类型,如图 6-47 所示。单击"下一步"按钮,在弹出的对话框中,设置保存路径、文件名和文件类型,如图 6-48 所示。单击"确定"按钮完成导出。

图 6-46　选择"导出"→"CAD 格式"→"DWG"选项

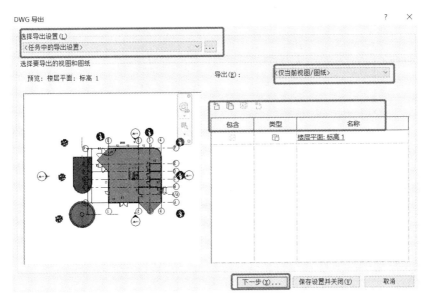

图 6-47　导出设置

图 6-48　保存导出文件

实操训练 23　布置图纸

扫一扫学习
图纸布置微
课视频

如图 6-49 所示，参考 1-1 剖面图样式，使用 A3 尺寸图纸，创建 2-2 剖面图。样式要求：设置尺寸标注；视图比例为 1∶200；将图纸命名为"2-2 剖面图"；轴头显示样式为在底部显示。

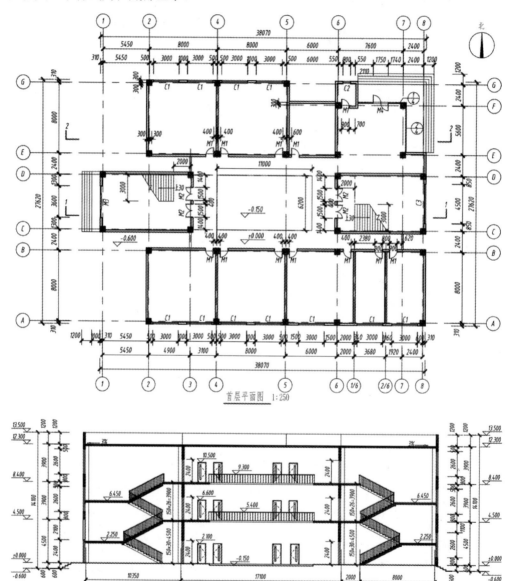

图 6-49　图纸布置案例